Quantumcomputers
Meer dan een bitje techniek

Quantumcomputers
Meer dan een bitje techniek

Albert Jansen
Matthijs de Kruif
Marius van Kampen

ISBN 9798326788672
NUR 925/929

Illustratie omslag: Jayasinha, 2022 en Google, z.d.

Alle rechten voorbehouden.
Niets uit deze uitgave mag worden verveelvoudigd, opgeslagen in een geautomatiseerd gegevensbestand, of openbaar gemaakt, in enige vorm of op enige wijze, hetzij elektronisch, mechanisch, door fotokopieën, opnamen of enige andere manier, zonder voorafgaande schriftelijke toestemming van de uitgever.

Quantumcomputers
Meer dan een bitje techniek

Albert Jansen

Matthijs de Kruif

Marius van Kampen

Begeleider: J. van Rijssel

Inhoudsopgave

Voorwoord	9
Inleiding	11
Quantummechanica	13
Superpositie	14
Verstrengeling	15
Decoherentie	16
Dubbele spleet-experiment	18
Onbepaaldheidsrelatie van Heisenberg	20
Tunnelen	21
Qubit	22
Energielevels	22
Bloch-bol	25
Fase	25
Quantumcomputer	27
DiVincenzo-criteria	28
Soorten qubits	30
Supergeleidende qubit	32
Supergeleiding	32
Ladingsqubit	35
Flux qubit	35
Transmon qubit	36
Fase qubit	36
Poorten	37
Temperatuur	37
Praktijk	38

Topologische qubit	39
Ionenval	45
Ionen	45
Velden	45
De val	45
De qubit	46
Soorten qubits	47
Fotonische qubit	48
Losse fotonen	48
Polarisation encoding	48
Path encoding	50
Time-bin encoding	51
Squeezed fotonen	51
Voor- en nadelen	53
Spin qubit	55
Stern-Gerlach machine	55
Spin	57
Quantumdot	58
Silicium spin qubit	59
Elzerman readout	59
Koolstof-13 in diamant	60
NV-center in diamant	61
Voor- en nadelen van soorten qubits	63
Opbouw quantumcomputer	65
Betrouwbaarheid van metingen	66
Koeling	67
Helium isotopen	67
Dilution refrigerator	67

Koeling met cryogene vloeistoffen	69
Dopplerkoeling	70
Optisch dopplereffect	70
Dopplerkoeling	70
Quantumpoorten	**72**
Single-qubit poorten	72
X-poort	72
Y-poort	72
Z-poort	73
Hadamard poort	73
T-poort en S-poort	74
Multi-qubit poorten	75
CNOT-poort	75
Fase terugslag	75
Verstrengeling door multi-qubit poorten	75
Tabel	76
Fysieke toepassing van poorten op qubits	**79**
Supergeleidende qubits	79
Topologische qubits	79
Ionenval	79
Fotonische qubits	80
Spin qubits	80
Quantum algoritmen	**81**
Priemgetal	81
Modulo	81
Grootste gemeenschappelijke deler	82
Binair	82
Uitleg schema's algoritmen	83

Overzicht quantumalgoritmen	88
Bernstein–Vazirani algoritme	89
Archimedes' algoritme	93
Grover's algoritme	96
Deutsch-Jozsa algoritme	100
Euclid's algoritme	104
Shor's algoritme	105
Foutcorrectie	107
Conclusie	108
Bronnenlijst	110
Definitielijst	124
Symbolenlijst	131

Voorwoord

Quantumcomputers hebben altijd iets ongrijpbaars. Iets wat ver van mensen afstaat. Hoe ga je dan uitleggen hoe zo'n computer werkt? Dat is een hele uitdaging. Dan moeten er wel een aantal hobbels worden genomen. De eerste hobbel is dat je zelf moet weten hoe het precies werkt. De tweede hobbel is de werking te vertalen in de taal van je doelgroep en de derde hobbel is om deze taal te illustreren met beelden die begrijpelijk zijn. Drie forse hobbels die voldoende uitdaging bieden om er een compleet profielwerkstuk voor het vwo van te maken.

Of het gelukt is? Ik zou zeggen lees dit boek en oordeel zelf.

De quantumcomputer wordt vaak besproken in superlatieven. En de mogelijkheden van zo'n computer zijn ook ongekend. Hij kan heel veel meer dan een gewone computer en dat ook nog eens in een veel kortere tijd. Zelfs supercomputers zijn niet bij machte vergelijkbare prestaties te verrichten. Allerlei simulaties van de kosmos, chemische reacties, het versleutelen van berichten en nog vele andere toepassingen komen binnen handbereik. Deze hebben natuurlijk veel consequenties die nu nog niet volledig te overzien zijn. Geheimhouding van een versleuteld bestand die nu wordt geproduceerd zal in de toekomst mogelijk met een druk op de knop te niet worden gedaan. Daar zal, en wordt, nu al stevig over nagedacht. Maar ook bij de ontwikkeling van nieuwe medicijnen zijn er mogelijkheden om dit proces aanzienlijk te versnellen. Denk verder ook aan weersimulaties die het weer met een vele male grotere nauwkeurigheid kunnen voorspellen dan de weerprogramma's van dit moment.

Voordat het zover is moet er nog wel heel wat water door de Rijn stromen. Daarbij behoort met name ook de opschaling van de huidige stand van de computer. Met elke stap voorwaarts nemen de mogelijkheden wel toe maar er moeten nog heel wat stappen worden genomen.

In het boekwerk, dat u nu in de hand heeft, wordt geprobeerd op een begrijpelijke manier uit te leggen hoe een quantumcomputer werkt. Als u het boekje gelezen hebt zult u in ieder geval begrijpen dat de weg naar een volledig werkende quantumcomputer nog lang is. Ook de bijbehorende randvoorwaarden moeten nog verder worden ontwikkeld.

Ik heb het voorrecht gehad deze drie enthousiaste vwo'ers te mogen te begeleiden. Het was een ware hordenloop. Zeker was het een voorrecht op de momenten dat zij mij begonnen uit te leggen hoe het in elkaar zat. Dan overtreft de leerling de meester en dat is de droom van elke docent.

Veel plezier bij het lezen!

J. van Rijssel   Juni 2024
Docent natuurkunde

Inleiding

De technologische ontwikkelingen gaan razendsnel. Dagelijks worden er stappen gezet in de technische ontwikkeling. Dit gaat over grote zaken, maar ook over de allerkleinste deeltjes waaruit alles is opgebouwd. Inmiddels wordt er uitgebreid onderzoek gedaan naar het bouwen van een computer op basis van deze kleine deeltjes. Dit wordt een quantumcomputer genoemd. De quantumcomputer gaat in de toekomst een grote rol spelen, dus het is belangrijk dat we weten hoe zo'n computer werkt en wat hij kan. Maar dit is niet eenvoudig. Daarom willen wij uitleggen in enigszins begrijpelijke termen, wat een quantumcomputer is, waaruit hij is opgebouwd en hoe hij werkt.

Een waarschuwing vooraf: *"Try not to apply intuition to explain it. Intuition is developed from past experience and most people never observe objects in the quantum scale before."* (Hui, 2019) (Probeer intuïtie niet toe te passen om het te verklaren. Intuïtie is ontwikkeld op basis van ervaringen uit het verleden en de meeste mensen hebben nog nooit objecten op de quantumschaal waargenomen.) Het is volkomen begrijpelijk als u het na één keer lezen niet begrijpt. Quantummechanica is voor velen een vreemd concept en er is tijd nodig om hieraan te wennen.

We beginnen bij het uitleggen van quantummechanica met zijn vreemde verschijnselen. Deze verschijnselen zorgen ervoor dat een quantumcomputer totaal anders is dan een gewone computer, vaak een klassieke computer genoemd. Een klassieke computer is opgebouwd uit bits. Deze bits hebben we ook bij een quantumcomputer, maar werken heel anders. Ze worden quantumbits, qubits genoemd. Vervolgens leggen wij uit welke soorten qubits er bestaan, hoe deze werken, en wat hun voor- en nadelen zijn. Ten slotte kijken we naar manieren hoe er met deze qubits gerekend wordt, namelijk door middel van algoritmen.

Dit profielwerkstuk behandelt de huidige stand van zaken, maar de techniek en het begrip van quantumcomputers kunnen snel veranderen.

In dit profielwerkstuk staan verschillende Engelse termen. Wij hebben hiervoor gekozen, omdat voor deze termen geen gebruikelijk Nederlands woord is. Deze Engelse termen staan in de tekst cursief. Voor een verklaring van deze Engelse termen en enkele andere moeilijke termen verwijzen wij u door naar de definitielijst achter in dit profielwerkstuk. Daarbij staat ook de pagina waar u meer informatie over deze termen kan vinden. Daarnaast vindt u achter in het boek een symbolenlijst met symbolen die veel gebruikt worden in dit profielwerkstuk.

Wij willen dhr. R. Ockhorst, wetenschapper aan de TU Delft, bedanken voor het meedenken en toesturen van bronnen. Ook willen wij onze begeleider dhr. J. van Rijssel bedanken voor het begeleiden, meedenken en de vele goede adviezen. Hij heeft ons fantastisch geholpen in het sturen naar de juiste richting. Ook stond hij altijd open voor een gesprek hoe wij verder moesten. Ten slotte willen we hem hartelijk bedanken voor het schrijven van een voorwoord.

Voor vragen, opmerkingen of opvragen van alle bronnen kunt u contact opnemen met de auteurs. Dit kan door een e-mail te sturen naar: PWSQuantumcomputer@outlook.com. Wij staan open voor feedback.

Wij hopen dat u na het lezen van dit profielwerkstuk een beter beeld heeft van een quantumcomputer en hoe deze in elkaar steekt.

Albert Jansen   Februari 2024
Matthijs de Kruif
Marius van Kampen

Quantummechanica

Een quantumcomputer is gebaseerd op de eigenschappen van hele kleine deeltjes. Wetenschappers zijn tot de ontdekking gekomen dat deze deeltjes zich anders gedragen dan de alledaagse wereld. Voor deze kleine deeltjes geldt niet de klassieke mechanica, zoals de wetten van Newton. Klassieke mechanica werkt voor alledaagse situaties, maar als we kijken naar hele kleine deeltjes dan hebben we iets anders nodig. Dit wordt quantummechanica (spreek uit als: kwantummechanica) genoemd.

Deze mechanica gaat bijvoorbeeld over moleculen, atomen en subatomaire deeltjes. Atomen hebben een kern met daarin protonen (positief geladen deeltjes) en neutronen (deeltjes zonder lading) en eromheen zweven elektronen (negatief geladen deeltjes). Een molecuul is opgebouwd uit verschillende atomen. Het watermolecuul H_2O bestaat bijvoorbeeld uit twee waterstofatomen en één zuurstofatoom. Subatomaire deeltjes zijn deeltjes die kleiner zijn dan een atoom.

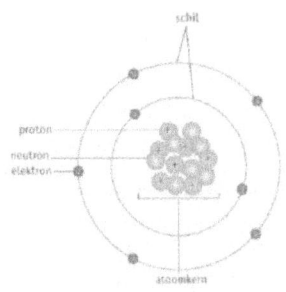

Kaarten: Natuurkunde, z.d.

Elke atoom heeft verschillende isotopen. Deze isotopen hebben hetzelfde aantal protonen en elektronen, maar een ander aantal neutronen. Het aantal protonen in een kern zorgt voor het atoomnummer. Het aantal protonen en neutronen opgeteld, wordt het massagetal genoemd.

Zoals eerder gezegd bestaat een quantumcomputer uit qubits. Een qubit (spreek uit als: kjoebit) is meestal weer opgebouwd uit verschillende kleine deeltjes, maar dit is niet bij alle manieren zo. Er zijn verschillende manieren om een qubit te bouwen met andere deeltjes. Al deze verschillende soorten qubits zijn gebaseerd op quantummechanica. We leggen drie effecten van quantummechanica uit: superpositie, verstrengeling en decoherentie. Deze effecten bestaan dus niet in de klassieke wereld.

Superpositie

In de quantummechanica is het mogelijk dat een deeltje zich op twee plekken tegelijk bevindt. Het is een vreemd idee, maar het is wel een basisprincipe waarvan quantumcomputers gebruikmaken. In ons dagelijks leven kan een object nooit op twee plaatsen tegelijk zijn.

Kleven, 2010

Een bekend gedachte-experiment om superpositie duidelijk te maken is Schrödingers kat. Stel dat je een kat in een doos stopt samen met een radioactief atoom, een geigerteller en een ampul met gif. De radioactieve stof heeft binnen een uur een kans van 50% om te vervallen. Als de stof vervalt, detecteert de geigerteller het verval en breekt de ampul met gif, wat de kat doodt. Het idee is dat de kat zowel levend als dood is, totdat je de doos opent en waarneemt op de kat dood of levend is.

In de quantummechanica houdt superpositie in dat iets niet in een specifieke staat is. De kat uit het voorbeeld is dus zowel dood als levend. In superpositie houdt dus in dat een deeltje zich in twee toestanden tegelijk kan bevinden. Dat kunnen energietoestanden zijn, maar een deeltje kan ook op twee plekken tegelijk zijn, zoals we later uitleggen bij het dubbele spleet-experiment.

Om een idee te krijgen van superpositie kun je naar een munt kijken die je spinnend in de lucht gooit. Als de munt in de lucht is, zou je kunnen zeggen dat de munt zowel kop als munt is. Op het moment dat je de munt weer vangt, is hij of kop of munt. Datzelfde principe geldt ook bij superpositie. Wanneer een deeltje in superpositie is en je meet het, vervalt zijn superpositie.

Verstrengeling

Een ander principe dat mogelijk is in quantummechanica wordt verstrengeling genoemd. Verstrengeling kan je zien als een soort verbinding tussen twee deeltjes. Deze deeltjes delen dan verschillende eigenschappen met elkaar en beïnvloeden elkaar. Dit is een apart principe en dat vond ook de natuurkundige Albert Einstein. Hij noemde het namelijk: *"spooky action at a distance"* (spookachtige actie op afstand).

Om verstrengeling enigszins duidelijk te maken, hebben wij hier een voorbeeld uit de klassieke wereld. Stel je voor dat je twee geldstukken hebt. We zorgen ervoor dat deze twee geldstukken met elkaar verstrengeld zijn. (Dit is alleen mogelijk in dit voorbeeld.) Vervolgens gooi je deze geldstukken tegelijkertijd in de lucht. Eerst zijn de geldstukken in superpositie van kop of munt, zoals je net gelezen hebt. Zodra één geldstuk landt en je ziet kop, dan weet je direct dat het andere geldstuk op munt gaat landen. Dit komt doordat de twee geldstukken verstrengeld zijn.

Dit werkt in de quantummechanica niet met geldstukken, maar met qubits, de bouwstenen van een quantumcomputer. De kop of munt zijn bij qubits dan de waarden $|1\rangle$ of $|0\rangle$. Wat de haakjes om deze 1 en 0 betekenen leggen we uit bij het kopje qubit. Het is dus mogelijk om twee qubits met elkaar te verstrengelen. Als bij het meten van de ene qubit de waarde $|1\rangle$ is, dan weet je direct dat de waarde van de andere qubit $|0\rangle$ moet zijn. Bij het meten van één verstrengelde qubit weet je de uitkomst van twee qubits!

Deze qubits kunnen zelfs enorm ver van elkaar verwijderd zijn. De afstand heeft geen invloed op de verstrengeling. Als de ene verstrengelde qubit op Pluto geplaatst wordt en de andere op aarde, dan werkt dit mechanisme nog steeds precies hetzelfde.

Er zijn verschillende soorten verstrengeling. Deze soort verstrengeling heeft invloed op de uitkomst van de tweede qubit. Zo bestaat er bijvoorbeeld de verstrengeling die ik al genoemd hebt: De waarde van de eerste qubit is $|1\rangle$, dus de waarde van de tweede qubit moet $|0\rangle$ zijn. Als de waarde van de eerste qubit $|0\rangle$ is, moet de waarde van tweede qubit ook $|0\rangle$ zijn. Dit is één van de mogelijke verstrengelingen. Je ziet dus dat afhankelijk van het soort verstrengeling weten we wat de waarde van de tweede qubit is, terwijl alleen de eerste qubit gemeten wordt.

Decoherentie

Het derde belangrijke principe uit de quantummechanica wordt decoherentie genoemd en heeft veel verband met superpositie en verstrengeling. Kleine deeltjes hebben bijzondere eigenschappen: ze kunnen bijvoorbeeld op verschillende plekken tegelijk zijn (superpositie) en ze kunnen elkaar beschrijven (verstrengeling). Bij grotere voorwerpen is dit niet zo. Een munt kan namelijk maar op een plek tegelijkertijd liggen en als je een munt omdraait zal de andere munt niet ook omdraaien. Dit komt door decoherentie. Decoherentie is een gevolg van ruis. Een voorbeeld van ruis is elektromagnetische straling, zoals zichtbaar licht, infrarood of ultraviolet licht.

Een groep kleine deeltjes die in superpositie is of met elkaar verstrengeld zijn, is een voorbeeld van een quantumsysteem. Een quantumsysteem is een systeem met de eigenschappen superpositie, verstrengeling en decoherentie. Een quantumsysteem in een quantumcomputer werkt vaak met qubits. Wat dit zijn wordt verderop uitgelegd. Decoherentie verwijst naar het proces waarbij een quantumsysteem zijn eigenschappen verliest. In een quantumsysteem zit informatie vaak verwerkt in de superpositie of verstrengeling. Deze informatie gaat bij decoherentie onherstelbaar verloren. Zodra er ruis bij een superpositie van 0 en 1 komt verandert dit in 0 of 1. Bij verstrengeling zullen de twee muntstukjes niets meer met elkaar te maken hebben na de decoherentie. Als je de één meet kan de andere alsnog kop of munt zijn.

De tijd dat het duurt om superpositie en verstrengeling kwijt te raken heet de coherentietijd. Het behoud van informatie in een quantumsysteem is nodig voor het uitvoeren van de berekeningen. Daarom is het de bedoeling dat de coherentietijd zo lang mogelijk gemaakt wordt.

Bij qubits vervalt de superpositie en gaat deze dus terug naar $|0\rangle$ of $|1\rangle$. Ook de verstrengeling vervalt, de qubits hebben dus niets meet met elkaar te maken. Decoherentie wordt ook wel gezien als het vervallen van de golffunctie, dit wordt verderop uitgelegd.

Bij een meting vervalt ook de golffunctie. Toch is hier geen sprake van decoherentie. Als we kijken naar twee muntjes die verstrengeld zijn en we weten dat de éne munt anders dan de andere munt is, dan kunnen we een muntje pakken en kijken wat dit is. We weten nu ook automatisch wat het andere muntje is. Hierdoor is er geen sprake meer van superpositie, want we weten van beide munten wat ze zijn. Hoewel de superpositie verloren is gegaan, noemen we dit geen decoherentie. Er is dus geen sprake van decoherentie bij een meting.

Dubbele spleet-experiment

Het dubbele spleet-experiment is een erg beroemd experiment wat oorspronkelijk bedoeld is om aan te tonen of licht uit golven of deeltjes bestaat. Later werd het experiment ook uitgevoerd met elektronen.

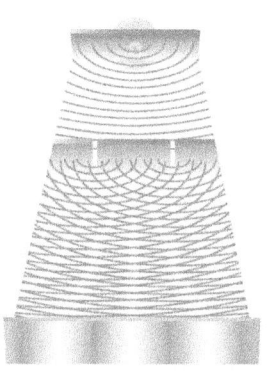

Bij het experiment wordt een bron die een lichtbundel of een bundel elektronen uitzendt, geplaatst voor een scherm met twee smalle spleten erin. Achter het scherm wordt een detectiescherm geplaatst die meet waar de deeltjes terechtkomen.

Vonk, 2022

Je zou verwachten dat je op het detectiescherm twee pieken zou zien die overeenkomen met de positie van de spleten. Wanneer de deeltjes worden afgevuurd op het scherm met de spleten zie je een interessant patroon. Het patroon dat je ziet is het patroon dat zou ontstaan wanneer twee golven door de spleten gaan en met elkaar interfereren. Als twee golven met elkaar interfereren zijn er plekken waar de golven elkaar versterken en plekken waar ze elkaar juist uitdoven. Dat zie je ook in de afbeelding linksonder. Het interessante is dat het patroon ook ontstaat wanneer je de elektronen één voor één afvuurt.

Als de deeltjes zich dus vrij kunnen bewegen bevinden ze zich in superpositie. De deeltjes gedragen zich daarbij als golf, wat je ziet doordat er interferentie plaatsvindt. Ook een los deeltje gedraagt zich als golf, wat je ziet doordat er ook interferentie plaatsvindt als er losse elektronen worden uitgezonden. Eén deeltje gaat dan dus door beide spleten tegelijk en gedraagt zich als golf. Dat is mogelijk

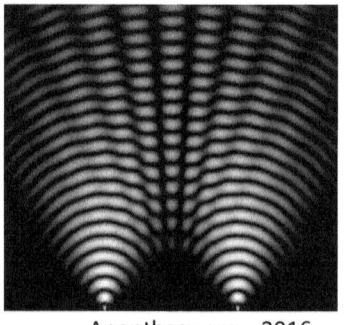

Ananthaswamy, 2016

door superpositie. Vervolgens interfereert het deeltje als golf met zichzelf. Daardoor ontstaat het interferentiepatroon wat je hiernaast kunt zien. Als je bij het detectiescherm meet waar het deeltje zich bevindt, zie je een enkele plek en dus niet de hele golf. Dat komt doordat de superpositie dan vernietigd wordt, een fenomeen wat verval van de superpositie genoemd wordt.

De conclusie van dit experiment: Alle kleine deeltjes kan je zien als deeltje én als golf. Bepaalde dingen kan je verklaren als je het ziet als deeltje en andere dingen kan je verklaren als je het ziet als golf. Licht heeft ook tegelijkertijd golf- en deeltjeseigenschappen. De deeltjes waaruit licht is opgebouwd worden fotonen genoemd. Het werkt ook andersom. Golven, zoals bijvoorbeeld elektromagnetische straling, hebben ook deeltjeseigenschappen.

Onbepaaldheidsrelatie van Heisenberg

Heisenberg ontdekte een bepaald principe in quantummechanica dat heel veel gevolgen heeft voor een quantumcomputer. Dit wordt de onbepaaldheidsrelatie van Heisenberg genoemd.

Heisenberg bouwde voort op het dubbele spleet-experiment. In de quantummechanica is het onmogelijk om van een deeltje tegelijkertijd de plaats en de impuls exact te bepalen. Impuls kan je zien als de beweging van massa. Impuls is afhankelijk van de massa en de snelheid. Aangezien de massa constant blijft, gaat het hier vooral om de snelheid. Met andere woorden, zodra je precies weet waar het deeltje is, heb je geen idee hoe snel het gaat. Dit geldt ook andersom. Om dit duidelijker te maken zie je hier twee plaatjes.

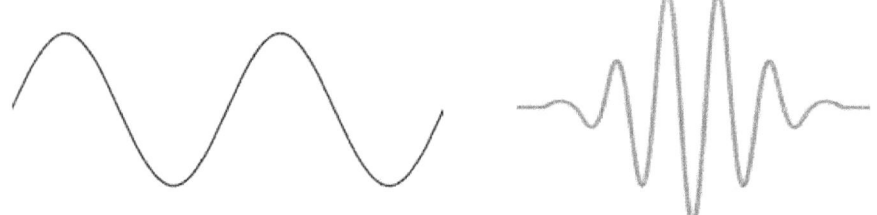

Van de Velde, 2015   *Fayer Lab - Elements of Quantum Mechanics*, z.d.

Van de zwarte golf is het heel eenvoudig om de snelheid te bepalen, maar over de plaats kunnen we weinig zeggen. Dit kan alleen onnauwkeurig worden bepaald door de zeggen waar de hele golf is. Bij de rode golf zien we goed wat de locatie is, maar de snelheid is onzeker, waardoor we snelheid niet nauwkeurig kunnen bepalen.

Dit is dus de onbepaaldheidsrelatie die het verband aangeeft tussen impuls en positie.

Deze onbepaaldheidsrelatie geldt ook voor energie en tijd. Het is onmogelijk exact de energie van een deeltje te meten en de tijd waarin het deeltje deze energie heeft. Dit zorgt ervoor dat tunnelen mogelijk wordt.

Tunnelen

Energie bestaat in twee categorieën: potentiële energie en kinetische energie. Potentiële energie is de energie die een voorwerp of een deeltje heeft vanwege zijn positie of toestand. Kinetische energie is de energie die een voorwerp of deeltje bezit vanwege zijn beweging.

Stel dat je onderaan een heuvel staat met een bal. Je trapt de bal langs de heuvel omhoog. De bal heeft nu een bepaalde hoeveelheid kinetische energie door de trap. Er is ook een bepaalde hoeveelheid potentiële energie nodig om de bal over de heuvel te laten rollen. Als de kinetische energie groter is dan de benodigde potentiële energie dan rolt de bal over de heuvel en anders niet. Een deeltje, zoals een elektron, heeft ook een bepaalde kinetische energie. Stel dat het deeltje over een barrière heen moet, is daar een bepaalde hoeveelheid potentiële energie voor nodig. Als het deeltje meer energie heeft, dan passeert het deeltje de barrière gewoon. Maar als het deeltje minder energie heeft dan de potentiële energie van de barrière, blijkt het soms toch mogelijk te zijn om de barrière te passeren. Dat fenomeen heet tunnelen. Hoe groot de kans is dat het deeltje de barrière passeert, hangt af van de energie van het deeltje, de grootte van de potentiële energie van de barrière en de dikte van de barrière.

Qubit

We hebben nu wel telkens over qubits, maar wat is een qubit eigenlijk? Een qubit is de bouwsteen van de quantumcomputer. Het woord qubit komt van quantum bit, dus de quantumvariant van een bit in een gewone computer. Met een qubit rekent een quantumcomputer en met die qubits kan de quantumcomputer rekenen en informatie opslaan. Het is een quantummechanisch systeem dat maar twee mogelijke energietoestanden heeft. Daarom wordt het een twee-levelsysteem genoemd. Waar die toestanden fysiek uit bestaan, verschilt per soort qubit. Dat wordt later besproken. De mogelijke toestanden worden weergegeven met $|0\rangle$ en $|1\rangle$. Daarbij is $|0\rangle$ de laagste energietoestand en $|1\rangle$ de energietoestand een stap hoger dan $|0\rangle$. Door superpositie is de qubit niet per se in een van de toestanden, maar kan het ook ergens ertussenin zijn. Je zegt dat de qubit dan in een superpositie van $|0\rangle$ en $|1\rangle$ is.

Energielevels

De energie in quantumsystemen is gekwantiseerd. Dat betekent dat alleen specifieke energielevels mogelijk zijn. Om dat te laten zien, gaven wetenschappers waterstofatomen in een tube veel energie. Die waterstofatomen gaan dan weer terug naar een toestand met minder energie en daarbij stoot elk waterstofatoom een foton uit. De energie van dat foton komt overeen met het verschil in energie tussen de energie van het waterstofatoom toen het nog veel energie had en de energie van het waterstofatoom na het uitstoten van een foton. De energie van een foton bepaalt zijn frequentie. Fotonen hebben een bepaalde frequentie, en die frequentie bepaalt de kleur van het licht. De wetenschappers lieten de fotonen door een prisma gaan, waardoor ze werden gescheiden in verschillende kleuren en dus verschillende frequenties. De

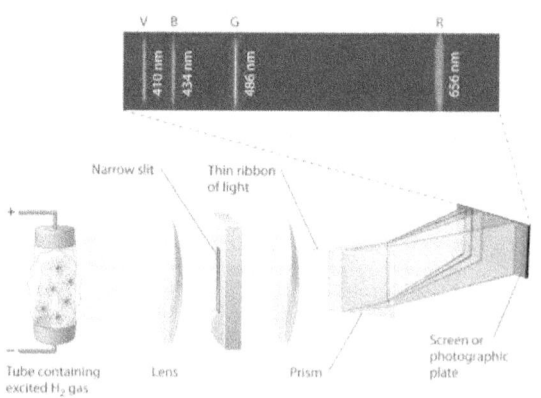

Prasad, 2022

opstelling van het experiment zie je hiernaast. Toen bleek dat er alleen bepaalde frequenties waren. Dat betekent dus dat er ook alleen bepaalde energieniveaus zijn, want de frequentie en energie hangen met elkaar samen. In de quantummechanica zijn dus alleen specifieke energieniveaus mogelijk. In de afbeelding kun je zien dat het energieverschil tussen de verschillende toestanden gelijk is.

Bij een qubit zijn de energietoestanden ook gekwantiseerd, omdat een qubit ook een quantumsysteem is. Qubits hebben dus bepaalde energietoestanden. De laagste energietoestand is dan de |0⟩ en de een-na-laagste energietoestand is de |1⟩. De notatie met | ⟩ betekent een toestand. Bij een qubit wil je alleen niet dat de energieverschillen gelijk zijn, wat normaal gesproken wel zo is. Als het verschil in energie tussen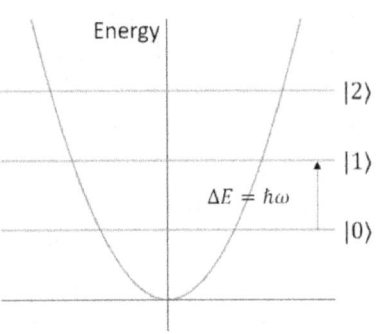

TU Delft, z.d.

de verschillende niveaus wel hetzelfde zou zijn, is het geen qubit meer, omdat het dan niet meer binair is. Binair betekent dat het met nullen en enen rekent. Dat de energieverschillen niet gelijk zijn noem je anharmoniciteit.

Je wilt bij een qubit ervoor zorgen dat alleen |0⟩ en |1⟩ mogelijk zijn. Bij sommige soorten qubits zijn er maar twee opties, bijvoorbeeld als de toestanden uit de stroomrichting bestaan. Dit kan alleen rechtsom of linksom zijn. Bij andere soorten qubits zijn er enorm veel energielevels mogelijk, als de toestanden bestaan uit elektrische lading. Dan moet je zorgen voor anharmoniciteit. Als je dan met de qubit gaat rekenen en je voegt een foton met een bepaalde hoeveelheid energie toe, kan de qubit alleen maar tussen de |0⟩ en |1⟩ blijven, omdat het energieverschil tussen die twee toestanden uniek is.

Qubits, of eigenlijk de superpositie van die qubits, worden weergegeven door golffuncties. De golffuncties zijn de kansverdelingen die aangeven, hoe groot de kans is om de qubit in een bepaalde toestand te vinden na een meting. De golffunctie heeft het symbool ψ (psi, spreek uit als psie). Na een meting vervalt de superpositie namelijk.

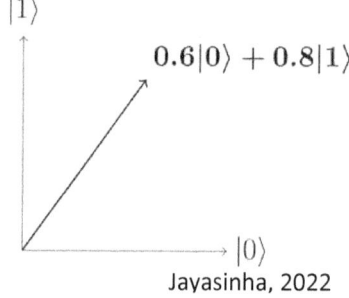

Jayasinha, 2022

Dat is het zogeheten instorten van de golffunctie. Als je de golffunctie van een superpositie wilt weergeven, kun je dat bijvoorbeeld doen met een lijn tussen |0⟩ en |1⟩, zoals je hiernaast ziet. De lijn bestaat uit een beetje |0⟩ en een beetje |1⟩. De totale kans op |0⟩ en |1⟩ is 1, omdat de qubit bij een meting altijd |0⟩ of |1⟩ is. Daarom kun je het ook weergeven op een cirkel met straal 1. Uit de stelling van Pythagoras volgt dat de kwadraten van de lengtes van de zijden samen 1 is. Het kwadraat van de horizontale zijde geeft de kans op |0⟩ en het kwadraat van de verticale zijde geeft de kans op |1⟩. De lengten van die zijden en dus ook de kansen hangen af van de hoek tussen de |1⟩ en de pijl. Deze hoek wordt θ (thèta) genoemd. De lengte van de zijde |0⟩ wordt α (alpha) genoemd en de lengte van zijde |1⟩ wordt β (bèta) genoemd. Alpha en bèta zijn imaginaire getallen. Daarom wordt ook wel i gebruikt. Wat dat precies betekent is niet belangrijk. Wel is het belangrijk dat dit de fase aangeeft. De algemene notatie van een qubit is dus:

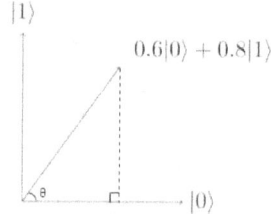

Jayasinha, 2022

|ψ⟩ = α|0⟩ + β|1⟩

Ook hadden we geconcludeerd dat de som van α in het kwadraat en β in het kwadraat 1 is. Dat kun je ook schrijven als:

$|α|^2 + |β|^2 = 1$

Bloch-bol

De toestand van een qubit kan worden gevisualiseerd door een zogeheten Bloch-bol. De bovenkant is gelijk aan de |0⟩ en de onderkant |1⟩. Elk punt op de Bloch-bol betekent een toestand van een qubit. Dat punt kan zich ook ergens tussen de |0⟩ en |1⟩ op de bol bevinden en dan is die in superpositie. De hoek θ ten opzichte van de positieve verticale as is nu dubbel zo groot. Uit een beetje wiskunde volgt dat α gelijk is aan cos(θ/2) en dat β gelijk is aan sin(θ/2). De superpositie van de qubit is dus alleen maar afhankelijk van de hoek θ. Als θ dichter bij 0° is, is de superpositie dichter bij de |0⟩ en als θ dichter bij 90° is, is de superpositie dichter bij de |1⟩. Bij een hoek van 0° hoort de toestand en bij een hoek van 90° hoort de toestand |1⟩.

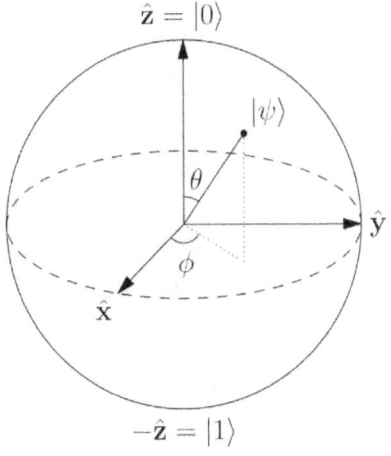

Javasinha. 2022

Fase

Maar waarom heb je eigenlijk een bol nodig om de qubit te visualiseren? Het ging toch ook goed met de cirkel? Het antwoord ligt in het feit dat de hoek θ niet de enige eigenschap is van een qubit. Een qubit heeft namelijk ook een fase die wordt aangegeven met het symbool φ (phi, spreek uit als fie). Een fase beïnvloedt op zichzelf de superpositie niet. Maar de fase beïnvloedt wel hoe de qubit andere qubits beïnvloedt, met andere woorden hoe de qubit interfereert. Hoe qubits interfereren is afhankelijk van faseverschil van de qubits. De interferentie kan constructief of destructief werken. Constructieve interferentie betekent dat de qubits elkaar versterken en dat dus de kans om een bepaalde toestand te meten vergroot wordt. Constructieve interferentie zag je ook bij het dubbele spleet-experiment. Daar zorgde constructieve interferentie ervoor dat er strepen waren waar veel deeltjes terechtkwamen. Destructieve interferentie veroorzaakte strepen waar bijna geen deeltjes terechtkwamen. Bij destructieve interferentie wordt de kans om een bepaalde toestand te meten verkleind. Bij constructieve interferentie is het faseverschil tussen de qubits een veelvoud is van 360°. Dat betekent dat beide qubits dezelfde relatieve fase hebben. De punten op de Bloch-bol wijzen dan horizontaal gezien dezelfde kant op. Bij destructieve interferentie is het faseverschil een oneven aantal keer 180°. Het relatieve faseverschil is dan 180°. De punten op de Bloch-bol wijzen dan de tegenovergestelde kant op.

In een Bloch-bol zijn er de x-, y- en z-as. De hoek θ is de hoek tussen de het punt op de Bloch-bol en de positieve z-as. θ is tussen de 0° en 180°. φ is de rotatie om de z-as. φ is tussen de 0° en 360°. De x- en de y-as geven dus de fase van de toestand weer.

Om met qubits te rekenen, pas je quantumpoorten toe. Als je een quantumpoort toepast gebeurt er een bepaalde rotatie op de Bloch-bol. Daarbij verandert de superpositie, de fase, of beide, afhankelijk van het soort quantumpoort. Alle berekeningen en algoritmen bestaan uit een combinatie van een aantal quantumpoorten. Wat die quantumpoorten precies inhouden, wordt later uitgelegd.

Het belangrijkste wat qubits kunnen doen is rekenen. Maar behalve dat ze uitmuntend zijn in complexe berekeningen, hebben qubits ook de potentie om informatie op te slaan, ook wel quantumgeheugen genoemd. Qubits zouden theoretisch gezien veel meer gegevens op kunnen slaan dan normale computers, maar dat is technologisch gezien nog erg uitdagend.

Quantumcomputer

Een quantumcomputer rekent met een heleboel qubits. Qubits kunnen informatie bevatten en met die informatie berekeningen uitvoeren. Qubits hebben de twee toestanden $|0\rangle$ en $|1\rangle$. Maar qubits kunnen ook in een superpositie zijn en daardoor beide toestanden tegelijk hebben. Een klassieke bit heeft de toestanden 0 en 1, maar kan niet in superpositie zijn. Het aantal mogelijke toestanden bij klassieke bits zijn 2^n, waarbij n het aantal bits is. Elke bit kan namelijk 0 of 1 zijn. Bij qubits zijn het aantal mogelijke toestanden ook 2^n, waarbij n het aantal qubits is. Het grote verschil zit in het feit dat qubits al de toestanden tegelijk kunnen hebben en bits kunnen maar één mogelijke toestand hebben. Dat zorgt ervoor dat 2^n qubits evenveel berekeningen uit kunnen voeren in de tijd dat n klassieke bits dezelfde berekeningen uitvoeren. Als een quantumcomputer dus veel qubits heeft, kan hij enorme berekeningen uitvoeren. Op die manier kan een quantumcomputer met voldoende qubits dan ook veel grotere berekeningen uitvoeren dan een klassieke computer. Een quantumcomputer rekent met de qubits door middel van algoritmen en die bestaan weer uit quantumpoorten. Wat dat zijn en hoe dat werkt wordt later uitgelegd.

Quantumcomputers rekenen binair, dus met nullen en enen. Woorden en getallen kunnen worden omgezet naar een reeks van nullen en enen zodat ermee gerekend kan worden. Elke nul of één wordt dan weergegeven door een qubit. Bijvoorbeeld de reeks 10110001 wordt weergegeven door acht qubits. Als een quantumcomputer gaat rekenen of algoritmen gaat uitvoeren, rekent hij met die hele reeks van nullen en enen.

DiVincenzo-criteria

In het jaar 2000 stelde de natuurkundige David P. DiVincenzo een lijst van voorwaarden op waaraan een quantumcomputer moet voldoen om goed te werken als quantumcomputer. Deze voorwaarden staan beter bekend als de DiVincenzo-criteria. Wat deze criteria inhouden zullen wij hier uitleggen. Bedrijven die een quantumcomputer aan het bouwen zijn, proberen aan al deze criteria te voldoen.

Het eerste DiVincenzo-criterium is dat qubits goed moeten begrepen worden en dat de quantumcomputer schaalbaar is. Er moet dus een duidelijk begrip van zijn van de eigenschappen en toestanden van de qubit. Ook is het belangrijk dat de toestand van qubits kunnen beschreven en veranderd worden. Een schaalbaar systeem houdt in dat qubits op een controleerbare manier aan het systeem kunnen worden toegevoegd. Een groot deel van de soorten qubits zijn gevoelig voor storingen en ruis en verliezen hierdoor snel hun superpositie. Een quantumcomputer moet dus zo gebouwd worden dat nieuwe qubits toegevoegd kunnen worden en het quantumsysteem hetzelfde blijft.

Het tweede DiVincenzo-criterium is dat qubits een lange, relevante coherentietijd moeten hebben. Zoals eerder gezegd is de tijd dat het duurt om de superpositie kwijt te raken, de coherentietijd. De superpositie van qubits vervalt snel door ruis, temperatuurschommeling of andere zaken. Het is belangrijk dat qubits voor en tijdens de berekening in superpositie blijven. Bij een goed werkende quantumcomputer is het dus belangrijk dat qubits lang genoeg in superpositie blijven om ermee te kunnen rekenen.

Het derde DiVincenzo-criterium houdt in dat je aan het begin van een berekening de toestand van al de qubits bekend is en dat deze toestand hetzelfde is bij alle qubits. Vaak is dit de laagste energietoestand, omdat qubits makkelijker naar de laagste energietoestand gaan. Het kan elke willekeurige toestand zijn, als deze maar goed gedefinieerd is. Bij een goed werkende quantumcomputer is aan het begin van de berekening de toestand van alle qubits bekend en het is mogelijk om aan het begin van de berekening alle qubit in dezelfde toestand te brengen.

Het vierde DiVincenzo-criterium zegt dat er met de qubits gerekend moet kunnen worden door middel van quantumpoorten. Dit betekent dat er verschillende quantumpoorten aanwezig moeten zijn, waardoor je alle mogelijke toestanden kunt maken en berekeningen kunt doen. Ook moeten met deze aanwezige quantumpoorten andere poorten gemaakt kunnen worden. Quantumpoorten stellen ons in staat om berekeningen uit te voeren met qubits en om een computer te vormen. Daarnaast moeten de quantumpoorten nauwkeurig zijn, want anders is de berekening ook onnauwkeurig. Daarnaast moeten quantumpoorten snel zijn, anders is de qubit al gewisseld van toestand door ruis of uit superpositie, waardoor er niet meer kan gerekend worden met deze qubit.

Het vijfde DiVincenzo-criterium houdt in dat aan het eind van een berekening de uitkomst moet kunnen worden afgelezen. Dit kan door het meten van de toestand van de qubit waarmee gerekend is. Bij het meten van die qubit moet erop gelet worden dat de waarden van de andere qubits niet onbedoeld veranderen. De techniek moet dus zo ontwikkeld zijn dat alleen de waarde van die qubit kan worden opgehaald, zonder dat de toestand van de qubit zelf en de omliggende qubits veranderd. Vaak wordt de meting herhaald, waardoor de uitkomst betrouwbaarder wordt.

Soorten qubits

Er zijn veel soorten qubits. Elk soort qubit heeft bepaalde voor- en nadelen. Welke qubit uiteindelijk in een quantumcomputer zal gebruikt worden, moeten we afwachten. Het is ook mogelijk dat er verschillende soorten quantumcomputers gebouwd worden, op basis van verschillende qubits. Of dat verschillende soorten qubits samenwerken in één quantumcomputer. Hieronder staat een lijst van een aantal qubits met daarachter enkele bedrijven die bezig zijn met de ontwikkeling van qubits. In dit profielwerkstuk behandelen we respectievelijk de supergeleidende, topologische, ionenval, fotonische en spin qubit en qubit in diamant.

- Supergeleidende qubit - Qutech, Intel, Google, Rigetti, IBM, IQM
- Topologische qubit - Qutech en Microsoft
- Ionenval - Ionq en Aqt
- Fotonische qubit - Xanadu, PsiQuantum
- Spin qubit - Qutech en Intel
- Neutraal atoom - Pasqal en EeroQ
- Qubit in diamant - Qutech, SpinQ
- Adiabatische qubit - Google, D-Wave

In de afbeelding hieronder kan je zien hoeveel bedrijven er met welk soort qubit bezig zijn.

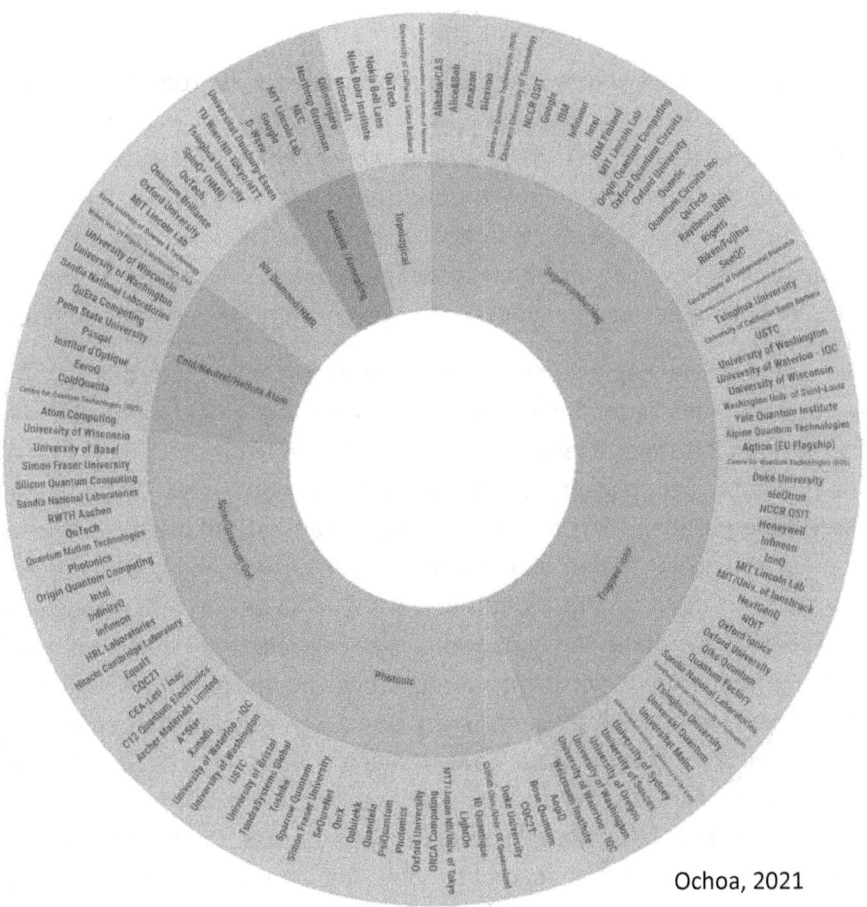

Ochoa, 2021

Supergeleidende qubit

Supergeleiding

Alle metalen zijn opgebouwd uit een metaalrooster. In dit rooster bevinden zich de atoomkernen op vaste posities. De elektronen zweven los tussen de kernen. Doordat de kernen en de elektronen los zijn van elkaar, zijn de kernen positief geladen en zijn de elektronen altijd negatief geladen. Deze vrije elektronen kunnen bewegen, waardoor ze ook elektriciteit kunnen geleiden. De elektronen bewegen alleen niet ordelijk en botsen daardoor met de kernen. Dat kost steeds een klein beetje energie en dat resulteert in weerstand.

Elke stof heeft een bepaalde temperatuur en daardoor trillen de deeltjes. Bij een hogere temperatuur heeft een stof meer warmte-energie. Doordat alle deeltjes dan iets meer energie hebben, trillen ze in het rooster. Je kunt dat ook zien in het eerste plaatje van de afbeelding hieronder. Als je het metaal dat je supergeleidend wilt maken heel erg afkoelt, tot temperaturen die in de buurt komen van het absolute nulpunt, trillen de atomen bijna niet meer. Het rooster is dan erg netjes. Dat is ook zichtbaar in het tweede plaatje van de afbeelding hieronder. Als er dan een negatief geladen elektron langs twee positieve kernen komt, vervormt het rooster een beetje, omdat de negatieve en positieve ladingen elkaar aantrekken. De positief geladen atomen komen naar het elektron toe, omdat ze aangetrokken worden. Doordat de elektronen erg snel bewegen, zijn de atomen vlak achter het elektron nog dichter bij elkaar dan ze zouden zijn volgens een 'netjes' rooster. Dat trekt een ander elektron aan, dat wordt 'meegezogen' door het voorste elektron. Die twee elektronen vormen samen een zogeheten Cooperpaar. Het wordt gezien als

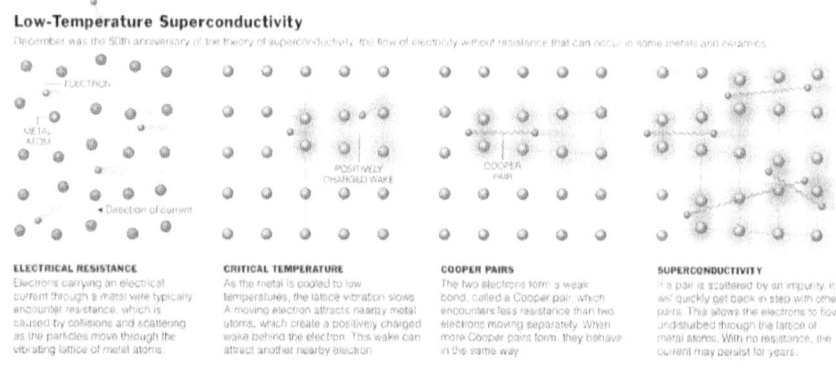

Hui, 2021

een paar omdat het voorste elektron er continu voor zorgt dat het achterste elektron aangetrokken wordt door nabijgelegen atoomkernen. Een Cooperpaar bestaat altijd uit twee elektronen. Als metalen tot een bepaalde temperatuur wordt gekoeld vormen alle elektronen in het metaal Cooperparen. Het blijkt dat die Cooperparen perfect zijn gecoördineerd in hun beweging en daardoor nooit botsen tegen de atomen of tegen andere Cooperparen. Daarom is er helemaal geen weerstand meer en treedt er geen energieverlies op. Die eigenschap van sommige metalen dat ze onder een bepaalde kritieke temperatuur ineens geen elektrische weerstand meer ondervinden wordt supergeleiding genoemd. Supergeleiding is een fenomeen dat alleen bij bepaalde metalen voorkomt.

LC-circuit

Om een supergeleidende qubit te maken, moeten we eerst een supergeleidend elektrisch circuit maken. Het mag echter geen warmte produceren, anders kan er geen supergeleiding plaatsvinden. De basis is daarom een circuit dat bestaat uit een condensator en een inductor, ook wel een LC-circuit genoemd. Een condensator bestaat uit twee metalen plaatjes die zich op korte afstand van elkaar bevinden. Wanneer een spanning wordt toegepast op een condensator, verkrijgt één plaatje een positieve lading en het andere plaatje een negatieve lading, wat resulteert in het ontstaan van een elektrische spanning. De condensator kan op die manier elektrische energie opslaan als kinetische energie. Een condensator is de C in de afbeelding rechts. Een inductor, ook wel een spoel genoemd, slaat elektrische energie op als potentiële energie. Als er stroom op de inductor staat, wordt er een magnetisch veld in en

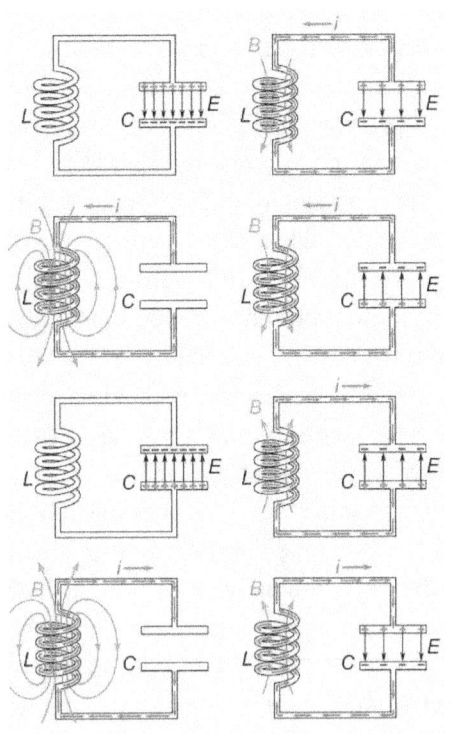

Wikipedia-bijdragers, 2023

rondom de inductor opgewekt. Dat magnetisch veld is hoe de inductor energie opslaat. Een inductor is de L in de afbeelding hierboven.

In het LC-circuit laat de condensator zich op met de elektrische energie dat in het circuit aanwezig is. Als de condensator zijn maximum heeft bereikt, ontlaadt hij ook vanzelf weer. Daarbij laadt de inductor zich op met de energie die de condensator afgeeft. Als de inductor zijn maximum heeft bereikt, ontlaadt die op zijn beurt. Daardoor laadt de condensator zich weer op. Op die manier gaat de energie heen en weer tussen de condensator en de inductor. Je ziet in de afbeelding hierboven ook de stroom heen en weer bewegen tussen de condensator en de inductor. Het hele circuit is gemaakt van supergeleidend materiaal en daardoor gaat er geen energie verloren. Omdat de energie heen en weer gaat, is een LC-circuit een systeem dat een quantum harmonische trilling veroorzaakt. Wat dat is, wordt later uitgelegd.

Zo'n LC-circuit kan energie opslaan. In de quantummechanica zijn alleen specifieke energieniveaus mogelijk. Het probleem is alleen dat de energieniveaus van zo'n LC-circuit constant zijn. Om het als qubit te kunnen gebruiken moet het een systeem zijn met unieke energieniveaus. De oplossing is om niet een standaard inductor te gebruiken, maar een niet-lineaire inductor. Dat betekent dat je een inductor hebt die ervoor zorgt dat de verhouding tussen de stroom en de spanning ongelijkmatig is. Dit heeft als groot voordeel dat het verschil tussen de energieniveaus uniek is en er dus anharmoniciteit is in het circuit. Om dat te bereiken, wordt een Josephson-junctie gebruikt. Een Josephson-junctie is

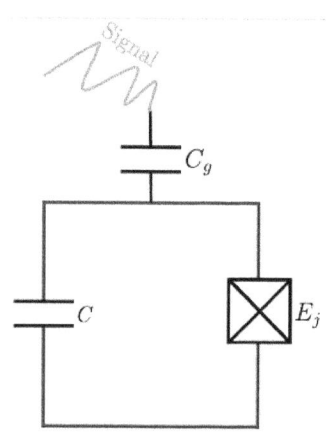

C = capacitor
E_j = Josephson-junctie
C_g = bron van de magnetronstraling

Reina, 2023

een erg dunne isolerende laag tussen twee supergeleidende elektrische geleiders. De isolerende laag, ook wel een isolator genoemd, is slechts een duizendste van de dikte van een haar. Een veelgebruikte Josephson-junctie wordt gemaakt van twee supergeleidende aluminium elektroden met als isolator aluminiumoxide. Nu blijkt het zo te zijn dat de Cooperparen in het supergeleidende aluminium door de Josephson-junctie kunnen tunnelen. De Josephson-junctie laat stroom door, maar met een niet-lineaire verhouding tussen stroom en spanning. Als elektrische stroom door een geleidende kabel of iets dergelijks loopt, ontstaat er een magnetisch veld rondom de kabel. Op diezelfde manier werkt een Josephson-junctie als een inductor. Door de niet-lineaire verhouding tussen stroom en spanning functioneert een Josephson-junctie als een niet-lineaire inductor. Door de inductor in het LC-circuit te vervangen door een Josephson-junctie, wordt het hele systeem niet-lineair. In de afbeelding hiernaast zie je een schematische weergave van het LC-circuit.

Ladingsqubit

Om van het LC-circuit een qubit te maken is het handig om het circuit te verdelen in twee stukjes. Het eerste deel bevindt zich tussen de onderkant van de capacitor en de Josephson-junctie, ook wel het supergeleidende eiland genoemd. De rest van het LC-circuit staat bekend als het supergeleidende reservoir. De aanwezigheid van een extra Cooperpaar in het supergeleidende eiland bepaalt de toestanden |0⟩ en |1⟩. Als er geen extra Cooperpaar in het supergeleidende eiland is, is het systeem in de laagste energietoestand. Als er één extra Cooperpaar in het supergeleidende eiland is, is het systeem dus in de een na laagste energietoestand. De twee toestanden bestaan dus eigenlijk uit de lading van het supergeleidende eiland.

Hierboven is de ladingsqubit uitgelegd. Maar er zijn ook nog andere soorten supergeleidende qubits waaronder flux qubits, transmon qubits en fase qubits.

Flux qubit

Een flux qubit bestaat uit een circuit met een aantal Josephson-juncties. Op dat circuit wordt een extern magnetisch veld toegepast. Dit magnetische veld zorgt ervoor dat er een stroom gaat lopen door het circuit. De |0⟩ en |1⟩ bestaan uit de stroomrichting: met de klok mee of tegen de klok in. De exacte samenstelling van het circuit, zoals het aantal Josephson-juncties en meetmethode varieert tussen ontwikkelaars. Een veelgebruikt variant is een eenvoudig supergeleidend circuit met alleen drie Josephson-juncties.

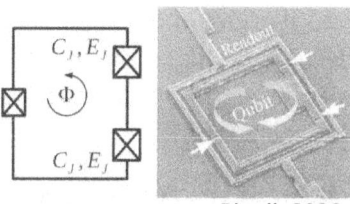

Ripoll, 2022

Transmon qubit

De basis van een transmon qubit is hetzelfde als bij een ladingsqubit. De |0⟩ en |1⟩ bestaan hier ook uit de laagste en een-na-laagste lading van het supergeleidende eiland. Op de afbeelding wordt het supergeleidende eiland weergegeven als het donkerblauwe gedeelte. Een transmon qubit bestaat net als de ladingsqubit uit een circuit met een condensator en een Josephson-junctie. Er zijn alleen wel verschillen met een ladingsqubit. Een transmon qubit heeft twee parallel geschakelde Josephson-juncties in plaats van één. Ook heeft een transmon qubit een grotere condensator. Deze veranderingen zorgen ervoor dat de energieniveaus van de qubit beter gescheiden zijn. Dat heeft als voordeel dat de qubit minder gevoelig is voor ruis en dat de coherentietijd langer is.

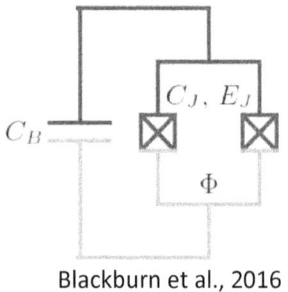

Blackburn et al., 2016

Fase qubit

In een supergeleidende qubit zijn er twee soorten energie die een rol spelen. Er is de energie van de Josephson-junctie die te maken heeft met de fase. Dan is er ook de ladingsenergie, ofwel de elektrische lading in het circuit. De waarde van deze energie wordt bepaald door de opbouw van het circuit. De verhouding tussen de energie van de Josephson-junctie en de ladingsenergie speelt daarbij een rol. Als die verhouding laag is, betekent dit dat de ladingsenergie groter of gelijk is aan de energie van de Josephson-junctie. De lading van de qubit bepaalt dan hoe de qubit zich gedraagt. Dat is het geval bij lading, flux en transmon qubits. De lading bepaalt daar dan ook de toestanden van de qubit. Bij fase qubits is de verhouding tussen die twee soorten energie juist extreem hoog. Daardoor is de fase van de qubit bepalend hoe de qubit zich gedraagt.

Het circuit van een fase qubit bestaat uit een Josephson-junctie en een bepaalde stroom (de I_0 uit de afbeelding). De stroom zorgt ervoor dat de Josephson-junctie optreedt als quantum harmonische trilling. Een harmonische trilling is een trilling die zich blijft herhalen en waarbij geen energie verloren gaat. De energie wisselt tussen potentiële en kinetische energie. Hoewel een

Wikipedia-bijdragers, 2023

quantum harmonische trilling niet echt een fysieke trilling is, wordt het zo genoemd vanwege de manier waarop de energie voortdurend wisselt tussen kinetische en potentiële energie. Bij de fase qubit worden de $|0\rangle$ en $|1\rangle$ gevormd door de laagste en de een-na-laagste fase van de quantum harmonische trilling. Voor een trilling is energie nodig. De laagste fase van een quantum harmonische trilling kun je zien als de 'rustigste trilling'.

Poorten

Om de hiervoor uitgelegde qubits ook echt te gebruiken in een quantumcomputer moet het natuurlijk mogelijk zijn om de qubit te kunnen beïnvloeden. De qubits worden beïnvloed met behulp van microgolven, dezelfde soort golven als in een magnetron. Het type golven dat nodig is, hangt af van het energieverschil tussen $|0\rangle$ en $|1\rangle$, dat op zijn beurt afhangt van de geselecteerde condensator en inductor. De capacitor en inductor zijn zorgvuldig gekozen, zodat gebruik kan worden gemaakt van magnetronstraling. Die keuze wordt bepaald door de frequentie van magnetronstraling, die op zo'n niveau ligt dat er gebruik kan worden gemaakt van bestaande technologie. Tegelijkertijd is ervoor gezorgd dat de energie niet te hoog is, wat cruciaal is om fouten te voorkomen. De verschillende poorten worden gevormd door verschillende pulsen magnetronstraling.

Temperatuur

De qubits zijn gemaakt van een supergeleidend metaal, zoals aluminium of niobium. Aluminium is supergeleidend bij ongeveer 1K (Hui, 2021). K staat voor Kelvin, een eenheid van temperatuur. In de wetenschap wordt vaak Kelvin gebruikt als eenheid van temperatuur. De eenheid Kelvin is gebaseerd op het absolute nulpunt. Het absolute nulpunt is het punt dat kouder niet meer mogelijk is. Dat is -273,15°C en 0K. De temperatuurschaal van Kelvin begint namelijk vanaf het absolute nulpunt. Een verschil van 1K komt overeen met een verschil van 1°C. Als je Kelvin wilt omrekenen naar graden Celsius gebruik je de formule: Kelvin = Celsius +273,15. De qubits worden gekoeld tot ongeveer 15mK, wat 0,015°C boven het absolute nulpunt is. De qubits moeten op zo'n lage temperatuur gehouden worden om meerdere redenen. De eerste reden is om supergeleiding mogelijk te maken. Supergeleidende qubits zijn van zichzelf erg gevoelig voor ruis en ze op zo'n lage temperatuur houden maakt ze minder gevoelig voor ruis.

Praktijk

Supergeleidende qubits zijn op dit moment de meest gebruikte soort qubit. Dit komt doordat de benodigde techniek veel overeenkomsten vertoont met de bestaande chipindustrie. Ook is het bij supergeleidende qubits erg makkelijk om op te schalen. Supergeleidende qubits kunnen in vergelijking met andere soorten qubits erg snel rekenen. Ze zijn daarentegen juist niet erg geschikt als quantumgeheugen, dus om informatie op te slaan in qubits. De meest gebruikte soort supergeleidende qubits zijn transmon qubits. Die zijn populair, omdat ze in vergelijking tot de andere varianten een lange coherentietijd hebben en minder gevoelig zijn voor ruis.

Topologische qubit

Een quantumcomputer kan uit verschillende soorten qubits zijn opgebouwd. Er zijn veel verschillende soorten en elk soort qubit heeft zijn eigen eigenschappen. Een van deze soorten qubits is een topologische qubit, of *topological qubit* in het Engels.

Deze qubit is gebaseerd op een onderdeel van de wiskunde, de topologie. Hierin zegt men dat de eigenschappen van een voorwerp hetzelfde blijven als hij van vorm veranderd zonder te breken. Je kunt dat vergelijken met een elastiekje dat je kan uitrekken, draaien of in een andere vorm houden, maar het blijft nog steeds een elastiekje. Ook zeggen ze dat een donut en een koffiemok hetzelfde zijn, omdat ze beide één gat hebben.

Wikipedia-bijdragers, 2015

Wat heeft dit met qubits te maken? Het principe dat je een object kan uitrekken, draaien etc. willen de quantumonderzoekers ook toepassen op een qubit. Ze willen dus een qubit maken die erg ongevoelig is voor en niet snel verstoord wordt door externe ruis. Hierdoor kan een topologische qubit bijvoorbeeld in superpositie blijven, terwijl er wel ruis van buitenaf komt die dat probeert te verstoren. Bij andere qubits vervalt door een klein beetje ruis direct de superpositie. Bij een topologische qubit gebeurt dit niet en dat is enorm handig.

Hoe komt het dat topologische qubits beter tegen ruis kunnen? Bij een supergeleidende qubit en een ionenval, wordt de informatie in het deeltje zelf opgeslagen. Bij een beetje ruis, verandert het deeltje en dus ook de informatie. Bij een topologische qubit wordt de informatie niet opgeslagen in het deeltje zelf, maar de informatie wordt opgeslagen in de manier waarop de deeltjes samenwerken en zijn gevlochten. Van de deeltjes zijn alleen de wereldlijnen belangrijk. Wat wereldlijnen zijn leggen we later uit. Eerst kijken we naar de deeltjes.

Welke deeltjes hebben we het nu over? Voordat we daar naartoe gaan is er wat achtergrondkennis benodigd. Het universum dat wij kennen bestaat uit 2 soorten elementaire deeltjes. Elementaire deeltjes zijn deeltjes die niet te splitsen zijn en hieruit is alles opgebouwd. Het ene soort noemen we fermionen. Elektronen, protonen en neutronen zijn bijvoorbeeld fermionen. Deze fermionen hebben de eigenschap dat twee fermionen niet dezelfde quantumeigenschappen kunnen hebben. Dit staat bekend als het Pauli-uitsluitingsprincipe, in het Engels het *Pauli exclusion principle* genoemd. Deze eigenschappen gaan over onder andere energie-, impulsmoment- en spintoestanden. Fermionen kunnen ook niet op dezelfde plaats en in dezelfde superpositie zijn. Dit zorgt ervoor dat fermionen elkaar niet te dicht naderen en de structuur van de materie stabiel blijft. Als fermionen deze eigenschap niet zouden hebben zou alle materie in elkaar storten. Fermionen zien we dus als 'legoblokjes' waaruit alles is opgebouwd. De tweede soort deeltjes noemen we bosonen. Fotonen zijn onder andere bosonen. Licht is opgebouwd uit fotonen. Deze bosonen hebben de eigenschap dat ze, in tegenstelling tot de fermionen, dezelfde quantumstaat kunnen delen. Dit zorgt ervoor dat bosonen de neiging hebben om in groepen te zijn en samen te gaan, waardoor we laserstralen kunnen maken. Fermionen draaien soms ook om andere fermionen heen. Als we in onze fysieke wereld twee objecten, die exact hetzelfde zijn, omgewisseld worden, dan weet je niet of deze objecten zijn verwisseld of niet. Dit geldt normaal gesproken ook voor alle fermionen en bosonen. In een topologische qubit is dit niet het geval en dit zorgt ervoor dat de qubit werkt.

Natuurkundigen kwamen tot de ontdekking dat er naast fermionen en bosonen nog een ander elementair deeltje bestaat. Deze deeltjes worden *anyons* (spreek uit als: en-ie-jun) genoemd. Deze *anyons* bestaan alleen in de tweedimensionale wereld en onder bepaalde omstandigheden, zoals bijvoorbeeld een temperatuur van bijna 0 Kelvin, het absolute nulpunt, en in een sterk magnetisch veld. Deze omstandigheden creëren de tweedimensionale wereld voor de *anyons*. Omdat deze *anyons* alleen in een tweedimensionale wereld bestaan, maakt het wel uit als 2 *anyons* om elkaar heen draaien. Als een *anyon* om een ander *anyon* heen draait, is de totale quantumtoestand niet meer hetzelfde als aan het begin. Het lijkt erop dat *anyons* een soort geheugen hebben, waardoor ze het aantal rotaties kunnen onthouden. We kunnen niet kijken naar de *anyons* om te zien of ze verwisseld zijn, want alle *anyons* zijn identiek. Maar de quantumtoestand verandert wel na een rotatie en daaraan kunnen we dus zien dat er een rotatie heeft plaatsgevonden.

Deze *anyons* worden gebruikt als qubits voor een topologische computer. Er wordt een speciaal soort *anyons* gebruikt, die *non-abelian anyons* worden genoemd, in het Nederlands: niet-abelse *anyons*. Dit is een term vanuit de wiskunde en wil het volgende zeggen. A*B ≠ B*A. De volgorde waarop we *anyons* om elkaar heen laten draaien maakt uit. Omdat een *anyon* kan onthouden welke rotaties er zijn uitgevoerd, is het belangrijk om het in de juiste volgorde te doen.

Om te visualiseren wat er gebeurt met de *anyons* en hoe er dan informatie in de *anyons* verwerkt kan worden, worden de *anyons* vaak in een driedimensionale context getekend. Aan de boven- en onderkant is dan het platte vlak te zien en de verticale as is de tijd-as. Hier zie je dus wat er gebeurt na verloop van tijd. Op de verticale as worden ook de wereldlijnen van *anyons* weergegeven, om te laten

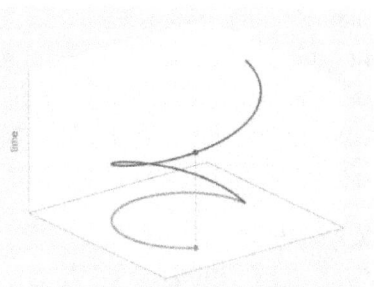

Oxford University Physics Department, 2018

zien hoe deze om elkaar heen draaien. Een voorbeeld hiervan zie je in de afbeelding hiernaast. De rode lijn is het rondje dat werkelijk gedraaid wordt door de *anyon* in 2D. Nadat we een tijd as toevoegen, ontstaat de blauwe lijn. Hieraan kunnen we zien dat de er een rondje is gedraaid en kunnen we zien waar de *anyon* op een bepaald tijdstip was. Deze blauwe lijn wordt ook wel de wereldlijn genoemd.

Nu we de achtergrondkennis hebben, is de theorie voor het maken van berekeningen met *anyons* aan de beurt. Als we een specifieke berekening willen uitvoeren, dan verwisselen we 2 *anyons*. Hierdoor ontstaat er een 'knoop' in de wereldlijnen van de anyons. Tussen de *anyons* waar niets mee gebeurt wordt een rechte lijn getrokken. Verwisselen met een andere

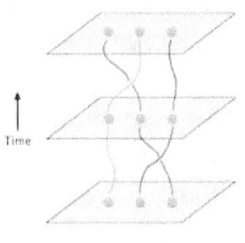

Wolchover, 2014

anyon levert een andere berekening, dus een andere uitkomst op. Het verwisselen van *anyons* en het ontstaan van knopen wordt '*braiding*' genoemd, oftewel vlechten. Omdat deze *anyons* non-abelian *anyons* zijn, maakt het zelfs uit of 2 *anyons* met de klok mee of tegen de klok in verwisselen. Dit levert een ander soort knoop op en een andere uitkomst. Deze qubit wordt ook een topologische qubit genoemd. Dit komt doordat de wereldlijnen niet regelrecht hoeven te gaan. Als er door ruis een kronkel in de wereldlijn ontstaat is dat helemaal niet erg. De *anyon* moet uiteindelijk wel met de juiste andere *anyon* verwisselen, anders ontstaat er een verkeerde knoop.

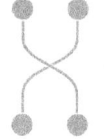

Oxford University Physics Department, 2018

Dit is een deel van de theorie achter de topologische qubit. Ook alle afbeelding zijn gesimplificeerd. In de praktijk is het dus niet zo eenvoudig als alle plaatjes suggereren. Een vraag die kan opkomen na dit verhaal is: Hoe kan het dat *anyons* in een tweedimensionale wereld zijn, terwijl onze wereld 3D is? We stoppen deze *anyons* in een materiaal waarbij het heel veel energie kost om in de derde dimensie te bewegen. Deze energie hebben de *anyons* niet en daarom kunnen ze maar in twee dimensies bewegen.

We kijken nu even naar het totale theoretische systeem. Voordat we met deze *anyons* kunnen *braiden* moeten we ze voorbereiden.

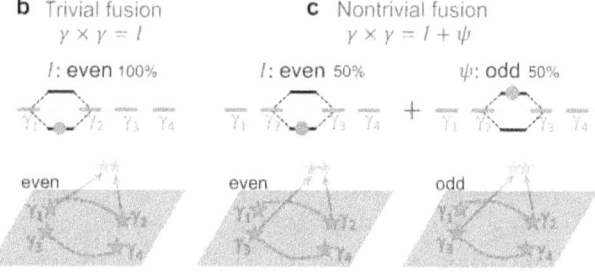

Zhou et al.. 2022

Eerst worden in een vacuümsysteem twee *anyons* gevormd die samen een paar zijn. Eén van die *anyons* werkt als deeltje, en de ander als antideeltje. Een antideeltje is een deeltje die eigenschappen heeft die overeenkomen met het deeltje en eigenschappen heeft die tegengesteld zijn aan het deeltje. Zo kan het antideeltje bijvoorbeeld een tegengestelde lading hebben. We weten van dit paar dat gevormd wordt uit vacuüm niet wat het deeltje is en wat het antideeltje is. Vervolgens ga met dit *anyonpaar* en andere *anyons* die in paren zijn gevormd, *braiden*. Dan moeten we de uitkomst van de *anyons* meten. Hiervoor worden de *anyons* weer in groepjes van twee samengebracht. Dan zijn er twee mogelijkheden. Er vindt of fusie, of annihilatie plaats. Om met het laatste te beginnen, bij annihilatie botsten een deeltje en een antideeltje met elkaar. De massa van de anyons wordt omgezet in energie, meestal in de vorm van fotonen. Als dus twee *anyons* met elkaar annihileren verdwijnen beide *anyons* en kunnen we het uitgezonden licht meten. Het kan ook zijn dat twee deeltjes of twee antideeltjes botsen. Dit resulteert in fusie. Hierbij wordt alle informatie van beide deeltjes samengesmolten tot een nieuwe *anyon*. De details hiervan zijn te ingewikkeld. Als we het originele paar samenvoegen is er de kans 100% dat ze annihileren. Als we één van het ene paar bij de één van het andere paar voegen is de kans 50% dat er annihilatie optreedt en 50% kans dat er fusie optreedt. Dit kun je zien in de afbeelding. De I staat voor vacuüm en de Ψ voor een nieuw deeltje. Links ontstaat er dus vacuüm door annihilatie en rechts ontstaat een nieuw deeltje door fusie.

Even een kleine kanttekening: Als we in plaats van *non-abelian anyons* *abelian anyons* gebruiken, krijgen we dezelfde eindresultaten: fusie of annihilatie. Het verschil zit hem dus in de *braiding* die er heeft plaatsgevonden. Hier zit de informatie in opgeslagen.

De superpositie van deze qubit zit in de *braiding*. Verschillende manieren van *braiding* geven de superpositie. Bij een topologische qubit is het totale systeem ook veel belangrijker dan losse *anyons*.

Laten we nog even kort kijken naar de praktijk van de topologische qubit. Verschillende partijen realiseren deze qubit op een andere manier, en veel van deze informatie is niet openbaar of men is er nog mee bezig. Microsoft is bezig met het bouwen van een topologische quantumcomputer. Hiervoor gebruiken ze geen *anyons*, maar hebben ze andere deeltjes gecreëerd die dezelfde eigenschappen hebben als *anyons*. Deze deeltjes worden *Majorana zero mo*des genoemd.

Voordat *Majorana zero modes* goed uitgelegd kunnen worden is weer een beetje achtergrondkennis benodigd. Bij het ontdekken van fermionen kwam men er ook achter dat elk fermion een antideeltje moet hebben. Een aantal jaren later werd het Majorana deeltje (Majorana fermion) uitgevonden. Dit deeltje is een fermion, maar is zijn eigen antideeltje. Als twee Majorana deeltjes heel erg dicht bij elkaar worden gebracht, worden ze op een bijzondere manier gecombineerd waardoor een nieuw deeltje kan ontstaan, de *Majorana zero mode*. Dit deeltje is ook zijn eigen antideeltje. Een *Majorana zero mode* heeft *non-abelian* eigenschappen en gedraagt zich als een *anyon*, maar is het zelf eigenlijk niet.

Deze *Majorana zero modes* worden aan de beide einden van een heel erg dunne draad geplaatst. Deze draad wordt een nanodraad genoemd en is 4 nanometer dik, oftewel 0,000004 millimeter. Door middel van een supergeleider en een magnetisch veld kan de halfgeleidende nanodraad naar de topologische fase gaan. Hierbij zitten aan de uiteinden van het nanodraad *Majorana zero modes*, zoals gezegd. In de rest van het draad ontstaat een energy gat, ook bekend als de topologische *gap*. Dit gat beschermd de *Majorana zero* modes tegen ruis en verstoringen. Ook

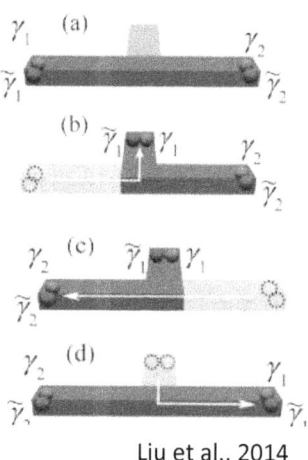

Liu et al., 2014

kan er vrij stroom lopen door de draad. Deze twee dingen kan Microsoft meten door middel een *Topological Gap Protocol*. Met deze *Majorana zero modes* kan vervolgens *braiding* plaatsvinden, zoals eerder beschreven in de theorie. Dit gaat op de manier zoals in de afbeelding. Zo kunnen 2 deeltjes met elkaar verwisseld worden, zonder dat er al fusie of annihilatie plaatsvindt. Het donkergekleurde gedeelte is de topologische *gap*. De pijlen geven de richting aan waarheen de *Majorana zero modes*, als deeltje en antideeltje verplaatsen.

Microsoft is het grootste en belangrijkste bedrijf dat bezig is met het ontwikkelen van topologische qubits met *Majorana zero modes*. Er wordt ook gekeken naar andere soorten *anyons*, zoals de Fibonacci *anyons* en de Ising *anyons*. Hier wordt veelal individueel of door een klein bedrijf onderzoek naar gedaan. We leggen hier alleen de qubit van Microsoft uit, omdat dit het belangrijkste bedrijf is dat met topologische qubits bezig is. Microsoft heeft ervoor gekozen om onderzoek te doen naar deze veel ingewikkeldere methode. Als het Microsoft lukt om werkende topologische qubits te maken, dan is die quantumcomputer veel beter en sneller dan de andere soorten quantumcomputers. Als topologische qubits gerealiseerd worden, hebben ze enorm veel voordelen ten opzichte van de andere soorten, vooral in verband met de schaalbaarheid en de betrouwbaarheid. Wel is het realiseren van een topologische qubit een enorme uitdaging. Deze qubit heeft de potentie om de basis te worden van de quantumcomputer van de toekomst.

Ionenval

Ionen
Sommige qubits werken met verschillende energieniveaus. Een voorbeeld hiervan is de qubit die gevormd wordt door een ion in een specifieke energietoestand. Ionen zijn geladen atomen of moleculen. In een ionenval worden meestal geladen atomen gebruikt. Er zijn positief en negatief geladen ionen. Positief geladen ionen heten kationen en negatief geladen ionen heten anionen (niet te verwarren met *anyons*). In een ionenval worden meestal kationen gebruikt, zoals ytterbium-, calcium-, strontium- en beryllium-ionen. (Yb^+, Ca^+, St^+ en Be^+)

Velden
Een ion is gevoelig voor ruis uit de omgeving. Daarom wordt deze vaak in een vacuüm ruimte gehouden. Om dit ion te bewerken door middel van poorten moet het ion op dezelfde plek blijven. Dit wordt gedaan met behulp van elektrische en magnetische velden. Een veld is een ruimte waarin voorwerpen krachten op elkaar uitoefenen. Geladen deeltjes oefenen krachten uit op andere geladen deeltjes. Hoe dichter deze deeltjes bij elkaar zijn, hoe groter de kracht. Geladen deeltjes zorgen voor een elektrisch veld. Dat elektrische veld zorgt er op zijn beurt weer voor dat andere geladen deeltjes gaan bewegen. Een magnetisch veld ontstaat als geladen deeltjes bewegen. Ook magneten zorgen voor een magnetisch veld. Magnetische en elektrische velden hebben invloed op geladen deeltjes.

De val
Een bekende ionenval is de Paul val. Deze val werkt met behulp van één ringelektrode en twee *end cap* elektroden. Een elektrode is een stroom geleidend materiaal dat gebruikt wordt om een elektrisch veld in een ruimte te brengen. De ringelektrode zit in donut-

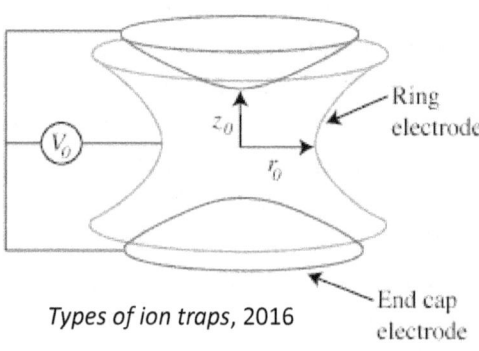

Types of ion traps, 2016

vorm om het elektron heen, terwijl de *end cap* elektroden boven en onder het ion zitten. De ringelektrode en de *end cap* elektroden staan op wisselspanning. Dit betekent dat de stroom de ene keer de ene kant en de andere keer de andere kant op gaat. Als de ringelektrode een negatieve spanning heeft, dan hebben de *end cap* elektroden een positieve spanning. De stroom gaat dan van de *end cap* elektroden naar de ringelektrode. Dit is te zien in de linker afbeelding. Aan de bovenkant en de onderkant zie je doorsneden van de *end cap* elektroden, aan de linkerkant en aan de rechterkant zie je doorsneden van de ringelektroden. Zodra de spanning omkeert zien we de pijlen omkeren. Dat kun je zien in de tweede afbeelding. Doordat het ion de helft van de tijd van boven en beneden wordt afgestoten en de andere helft van de tijd horizontaal gezien wordt afgestoten, blijft deze op zijn plaats. Er worden magnetische velden worden gecreëerd om het ion een specifiekere plek in de val te geven. Deze magnetische velden worden constant gehouden.

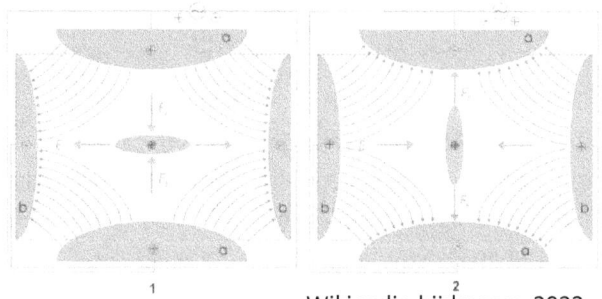

Wikipedia-bijdragers, 2023

De qubit

Een ion kan als qubit werken door middel van de energie die hij heeft als atoom. De ionen die gebruikt worden als qubit hebben meestal een vrij elektron. Met behulp van laserstralen, microgolven en radiofrequente pulsen kan het ion een hogere energietoestand krijgen en dus van $|0\rangle$ naar $|1\rangle$ gebracht worden. De lasers worden ook gebruikt om het ion te koelen. De magnetische velden kunnen ook de energie van het ion aanpassen. De energie die het ion heeft bestaat uit kinetische energie. Dit is de mate waarin het ion trilt. Om voor elke qubits een losse ionenval te maken is natuurlijk niet handig. Daarom wordt met steeds betere afstelling van de elektrische en magnetische velden gewerkt aan ionenvallen die meerdere ionen kunnen bevatten. Bij deze ionenvallen zitten dus meerdere qubits in één val. Deze qubits moeten ook met elkaar verstrengeld worden. Het is nu al mogelijk om twintig ionen met elkaar te verstrengelen in één ionenval. Bewerkingen die afhangen van andere ionen worden ook wel gecontroleerde poorten genoemd. Hoe deze werken wordt later uitgelegd. Deze gecontroleerde poorten zijn in een ionenval behoorlijk moeilijk. Dit komt vooral doordat de qubits dicht op elkaar zitten. Hierdoor kan een bewerking die voor de ene qubit bedoeld is door de qubit ernaast ook worden uitgevoerd.

Soorten qubits

Er zijn verschillende soorten ionen die op meerdere manieren bewerkt kunnen worden. Deze soorten qubits zijn onderverdeeld in meerdere categorieën. De vier belangrijkste categorieën worden hier uitgelegd. Later zal uitgelegd worden hoe deze bewerkt worden.

De belangrijkste soort is de hyperfijne qubit. De ionen die voor dit soort worden gebruikt zijn lithium, natrium, kalium, magnesium, calcium en strontium. De eerste drie hebben één vrij elektron en de tweede drie hebben twee vrije elektronen. Dit betekent dus dat de laatste drie sterker reageren op de elektrische en magnetische velden. De toestanden van de qubit zijn de energietoestanden van het ion.

De zeeman qubits bestaan uit dezelfde ionen als de hyperfijne qubits. De toestanden worden gevormd door het magnetisch veld om het ion. Dit is een spin qubit. Verderop wordt uitgelegd hoe dat precies werkt.

De derde categorie qubits zijn de *motional* qubits, ook wel *vibrational* qubits genoemd. Deze qubits bestaan uit lichte ionen, zoals beryllium of magnesium. De toestanden bestaan uit de mate waarin de ionen trillen. |0⟩ is hierbij weinig trilling, dit is de rusttoestand van het ion. |1⟩ is de toestand waarin het ion meer trilt.

De vierde categorie qubits zijn de Rydberg qubits. Deze qubits zijn meestal één van de ionen lithium, natrium, kalium of calcium. In een Rydberg qubit zijn de |0⟩ en |1⟩, net zoals in de hyperfijne qubit, de energietoestanden van het ion. Bij de Rydberg qubits wordt de energie van het ion bepaald door de plek van het elektron. Dit is bij de hyperfijne qubit niet zo.

Fotonische qubit

Bij fotonische qubits worden de termen licht en fotonen door elkaar gebruikt.

Door middel van het dubbele spleet-experiment is bekend dat licht bestaat uit deeltjes en tegelijkertijd een golf is. Licht bestaat uit fotonen, de deeltjes. Fotonen hebben geen massa en geen lading, waardoor ze niet gevoelig zijn voor invloeden van buitenaf. Fotonen bewegen zich altijd voort met de lichtsnelheid: 299.792.458 m/s. Dit is bijna 300.000 km per seconde. Het goed mogelijk dat een ander soort qubit in combinatie met deze qubit zal werken. Hier leggen we qubits uit die gebouwd zijn op basis van fotonen.

In het gebruik van fotonen als qubits zijn eigenlijk twee belangrijke stromingen. Elke stroming bestaat weer uit allerlei andere mogelijkheden. De eerste stroming maakt gebruik van losse fotonen. De meest gebruikte vorm hiervan is het verwerken van de informatie in de polarisatie van een foton. Ook zijn er nog 2 andere vormen die gebruik maken van losse fotonen. De tweede stroming maakt gebruik van *squeezed* fotonen.

Losse fotonen

Polarisation encoding

Laten we beginnen bij het verwerken van informatie in de polarisatie van een foton. Het bedrijf PsiQuantum is bezig om hier een computer mee te bouwen.

Voor het uitleggen van polarisatie beschouwen we licht als golf. Hiernaast zie je zo'n golf. De lengte van één golf, wordt de golflengte genoemd. Dit is dus de lengte tussen bijvoorbeeld twee opeenvolgende toppen, of tussen twee opeenvolgende dalingen door de as (zwarte lijn). De amplitude is de maximale hoogte van een golf. De frequentie van een golf wil zeggen hoe vaak iets gebeurt in een bepaalde tijd. Meestal is dit in het aantal golven per seconde, oftewel het aantal trillingen per seconde. Hoe kleiner de golflengte, des te groter de frequentie.

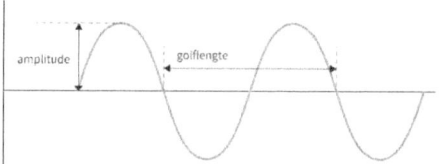

Golflengte Berekenen Met Medium En Frequentie | naa.nl, 2016

Elke golf heeft een amplitude, een golflengte, een frequentie en nog veel meer eigenschappen. Golven hebben ook een bepaalde richting. Ongepolariseerd licht bestaat uit een verzameling van verschillende golven. Deze golven hebben meestal verschillende amplituden, golflengten en frequenties, maar kunnen wel dezelfde kant op gaan. Zonlicht is bijvoorbeeld ongepolariseerd licht.

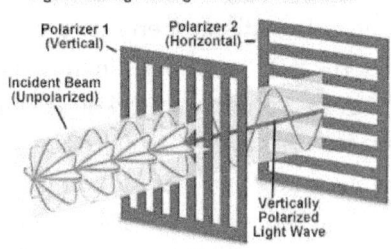

Figure 1

Polarization of Light | Olympus LS, z.d.

Door middel van een polarisator wordt alleen een golf met een bepaalde richting doorgelaten. Dit zie je in de afbeelding hiernaast. De doorgelaten golf is nu gepolariseerd. Deze polarisatie kan je ook veranderen. Je draait dan eigenlijk de golf met een bepaalde hoek. Een staande golf kunnen we bijvoorbeeld een kwartslag draaien, zodat het een liggende golf wordt. Dit is de informatie.

Zoals te zien is in de afbeelding is de horizontale staat $|0\rangle$ en de verticale staat $|1\rangle$. Voor dit soort qubit hebben we losse fotonen nodig. Licht bestaat nooit uit losse fotonen, daarom is dit een hele uitdaging. Er zijn verschillende manieren om losse fotonen te creëren, maar het aantal mogelijkheden hiervoor is heel divers en erg in ontwikkeling. Daarom laten we dat hier liggen.

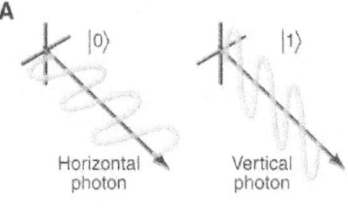

Khan, 2010

Neem dus aan dat er losse fotonen worden gecreëerd die allemaal dezelfde polarisatie hebben. Deze oriëntatie kan worden aangepast door middel van een *beamsplitter*, een *waveplate*, een fase verschuiver en spiegels. Een *beamsplitter* is een optisch apparaat en splitst licht dat op de *beamsplitter* valt in twee verschillende bundels. Hij kan ook gebruikt worden om twee bundels samen te voegen tot één lichtbundel. Een voorbeeld van een beamsplitter zie je in de afbeelding hiernaast. Een *wave plate* kan de polarisatie van een foton aanpassen. Deze onderdelen kan je zien als de quantumpoorten. Ook kan de polarisatie in superpositie

Monroe, 2004

worden gebracht. Aan het eind van de meetopstelling wordt door middel van een polarisatiefilter en een losse foton detector de polarisatie gemeten. Het voordeel is dat al deze materialen al bestaan, en niet opnieuw ontworpen hoeven worden. Al deze onderdelen worden enorm vaak op een *wafer* geplaatst. Een *wafer* is een ronde schijf gemaakt van het element silicium met een grootte van 3 cm tot 30 cm. Door middel van verschillende bestaande technieken kunnen alle componenten hierop geconstrueerd worden PsiQuantum is bezig om één miljoen qubits op zo'n *wafer* te bouwen. Deze hele opstelling is dus bedoeld om de polarisatie van de fotonen aan te passen en te veranderen. Zoals je hebt kunnen lezen stelt een bepaalde polarisatie een toestand voor. De fotonen zijn hierbij de qubits en daar kunnen we poorten op toepassen.

De methode met gepolariseerd licht dat horizontaal of verticaal gepolariseerd is, wordt lineaire polarisatie genoemd. Er zijn ook andere soorten polarisatie, zoals bijvoorbeeld circulaire polarisatie en elliptische polarisatie. Hiernaast zie je een afbeelding van circulaire polarisatie. Hierbij worden de toestanden |0⟩ en |1⟩ toegewezen aan linksom draaiend of rechtsom draaiend.

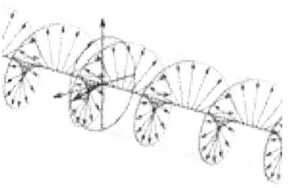

Wikipedia-bijdragers, 2023

Path encoding
Bij een tweede methode wordt ook gebruik gemaakt van losse fotonen, maar de informatie wordt hierbij in de afgelegde route of in het pad van het foton gestopt. Aan het begin worden weer losse fotonen gecreeerd. Het foton wordt vervolgens in een golfgeleider gestuurd. Dit is een hele lange, holle geleider waarin een fotonen kunnen getransporteerd worden. Dit wordt ook wel een modus genoemd. Met twee modi en

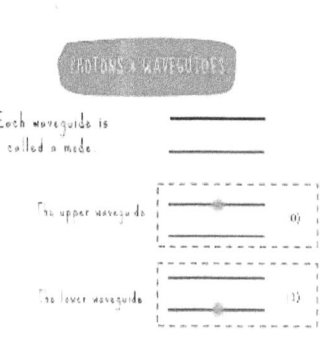

Team, 2022

een foton wordt vervolgens een qubit gevormd. Deze golfgeleiders moet je beschouwen als twee parallelle lijnen. Als het foton zich in de bovenste modus bevindt is de toestand |0⟩ en als het foton zich in de onderste golfgeleider bevindt is de toestand |1⟩.

Hiermee alleen kunnen we niets. We moeten ervoor zorgen dat er een superpositie gevormd kan worden en dat we er mee kunnen rekenen. We kunnen de twee golfgeleiders bij een *beamsplitter* bij

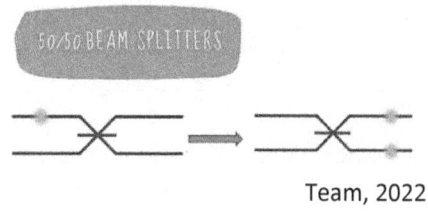

Team, 2022

elkaar laten komen. Een *beamsplitter* zorgt ervoor dat een lichtbundel gesplitst wordt in twee bundels of het zorgt ervoor dat twee bundels samenkomen tot één lichtbundel. De *beamsplitter* zorgt ervoor dat 50% van het licht wordt doorgelaten en 50% van het licht wordt gespiegeld. Omdat we hier met een los foton te maken hebben is er 50% kans dat het foton in de bovenste golfgeleider is en 50% kans dat het foton in de onderste modus is. We kunnen zelfs ongebalanceerde *beamsplitters* gebruiken waardoor de kans groter wordt dat het foton zich in de bovenste golfgeleider bevindt. Deze *beamsplitter* wordt ook wel de Hadamard poort genoemd, oftewel de poort die ervoor zorgt dat de qubit in superpositie komt. Meer informatie hierover staat in het wiskundedeel.

Time-bin encoding
Bij de derde methode waarbij losse fotonen worden gebruikt, wordt de informatie verwerkt in de tijd dat een foton bestaat. Eerst wordt er weer gezorgd dat er losse fotonen ontstaan. Deze kunnen vervolgens door twee paden gaan, waarvan de lengte verschilt. Er is een kort pad en een lang pad. Ergens in het lange pad wordt het foton geabsorbeerd, waardoor er aan het eind van dat pad geen foton gemeten wordt. Aan het eind van het korte pad wordt wel een foton gemeten. Hierdoor ontstaat er twee mogelijkheden, wel of geen foton, |0⟩ of |1⟩.

Ten vierde wordt gekeken naar een combinatie tussen codering in de polarisatie en de afgelegde weg. Hierdoor moet het mogelijk zijn om met één foton twee qubits te maken.

Squeezed fotonen
Xanadu is een ander bedrijf dat bezig is met fotonen als qubit, maar die pakt het op een andere manier aan. Zij maken gebruik van *squeezed* fotonen. Hiervoor heb je als achtergrondkennis de onbepaaldheidsrelatie van Heisenberg nodig. Die zegt: "Zodra je precies weet waar het deeltje is, heb je geen idee hoe snel het gaat." Zoals we al eerder beschreven hebben werkt dit ook

andersom. De onbepaaldheidsrelatie van Heisenberg bestaat ook voor amplitude en fase. De amplitude is de hoogte van de golf ten opzichte van de evenwichtslijn en de fase is de verschuiving van de golf.

Onderzoekers proberen de fase zo nauwkeurig mogelijk te bepalen, en hierdoor wordt de amplitude erg onzeker. Maar er is een bepaald limiet om de fase nauwkeurig te bepalen. Dit volgt uit de onbepaaldheidsrelatie van Heisenberg en dit wordt het Standaard Quantum Limiet genoemd. Dit betekent dat er altijd een hoeveelheid ruis zal zijn en de fase enigszins onzeker is, hoe hard je je best ook doet om deze te bepalen. Maar er is een omweg, en die maakt gebruik van *squeezed* fotonen. Hierdoor kan op een speciale manier de fase nog nauwkeuriger bepaald worden. De amplitude is hierbij erg onnauwkeurig, maar ook niet heel belangrijk. Er zijn verschillende manieren om deze *squeezed* fotonen te creëren.

Hierbij wordt niet gewerkt met |0⟩ of |1⟩ maar met een continue variabele van het lichtveld, waarbij de informatie is verwerkt in de fase en de amplitude.

Eerst wordt een zogenoemde clusterstaat gemaakt. Zie dit voor je als kralen aan een touwtje. De kralen zijn hierbij de qubits, de *squeezed* fotonen, en het touwtje is de verstrengeling die gemaakt is tussen deze fotonen. Om dit goed te laten werken moet het 3D zijn, zoals je in de afbeelding kan zien. Ook hierbij zijn de stippen *squeezed* fotonen en zijn de lijnen de verstrengeling tussen deze fotonen. Het bijzondere is dat door het uitvoeren van een specifieke meting van deze clusterstaat er een poort wordt toegepast op de clusterstaat. Een andere soort meting zorgt ook voor een andere soort poort.

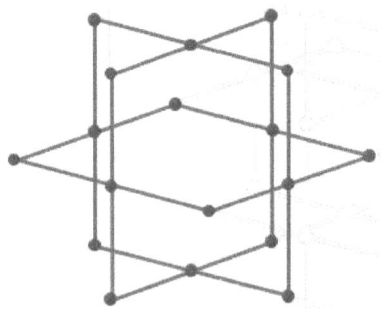

Xanadu | Beating classical computers with Borealis, z.d.

Hieronder zie je dit hele verhaal in een afbeelding. Links bij OPO worden *squeezed* fotonen gecreëerd, en vervolgens door drie interferometers in een lus geleid. Een interferometer splitst een lichtbundel met een *beamsplitter* en brengt de twee bundels weer bij elkaar, waardoor interferentie ontstaat. Hierdoor kan de drie dimensionale clusterstaat gevormd worden. Dit zie je hieronder in de afbeelding. De verschillende kleuren zijn gebaseerd op de soort lus die ze gevormd heeft, oftewel in de volgorde groen, rood, blauw. Daarna wordt dit door een demultiplexer (Demux) geleid, die ervoor zorgt dat de hele clusterstaat gesplitst wordt in zestien delen en elk deel wordt een detectiekanaal ingestuurd. Aan het eind worden de fotonen gemeten door speciale fotondetectoren (PNRs), die het aantal fotonen meet in elk *kana*al. Deze hoeveelheden zijn afhankelijk, omdat alle fotonen met elkaar verstrengeld zijn. Dit hele systeem uit de afbeelding hieronder wordt Borealis genoemd.

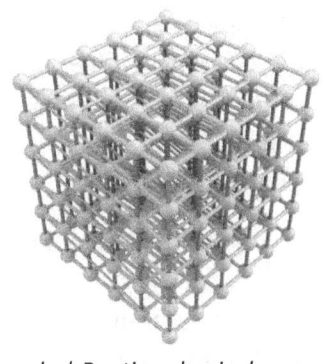

Xanadu | Beating classical computers with Borealis, z.d.

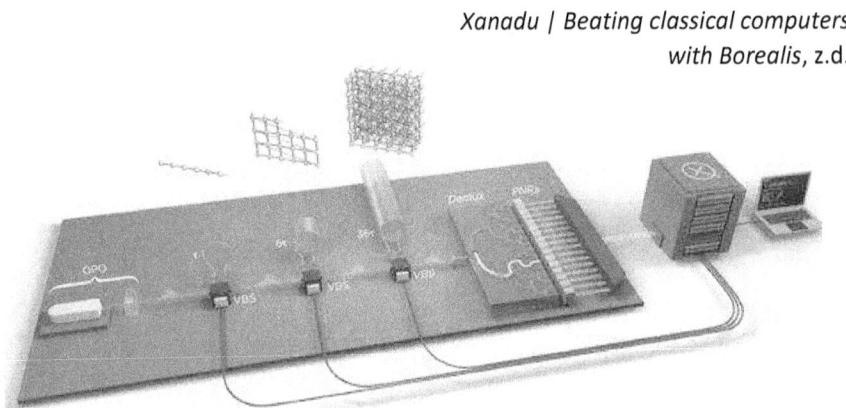

Xanadu | Beating classical computers with Borealis, z.d.

Voor- en nadelen

Fotonen gebruiken als qubits heeft verschillende voordelen. Fotonen hebben geen massa en geen lading, waardoor ze goed bestand zijn tegen ruis. De temperatuur van de quantumcomputer met fotonen kan meestal hoger zijn dan gebruikelijk. Het grootste deel van deze quantumcomputer kan op kamertemperatuur werken. Bepaalde onderdelen moeten wel gekoeld worden, maar dit hoeft niet extreem koud te zijn. Qubits met fotonen kunnen ook makkelijk gebruikmaken van bestaande apparatuur en netwerken. Daarnaast kunnen de quantumtoestanden bij fotonen relatief lang in stand worden gehouden. Daarnaast kunnen qubits op basis van fotonen makkelijk opgeschaald worden en zijn poorten die op losse qubits werken eenvoudig en betrouwbaar.

Het verlies van de fotonen is de technische belemmering tot opschalen. Een ander nadeel is dat fotonen geen interactie met elkaar kunnen hebben, waardoor verstrengeling moeilijk is. Dit probeert men op te lossen door gebruik te maken van de eigenschap die een foton, een boson, heeft. Zoals eerder gezegd hebben bosonen de neiging om in groepen te zijn en samen te gaan. Hierdoor kan toch enigszins de quantumstaat worden beïnvloed. Poorten die op meerdere qubits werken zijn lastig te maken. Qubits worden daarnaast ook vernietigd bij een meting. Een ander nadeel is dat fotonen met de snelheid van het licht bewegen, waardoor het aantal qubits moet worden beperkt.

In 2021 bouwde een groep van de Universiteit van Wetenschap en Technologie van China een quantumcomputer op basis van fotonen. Zij kregen het voor elkaar een specifieke operatie uit te voeren in slechts minuten, waar een klassieke supercomputer 2 miljard jaar voor nodig zou hebben.

Spin qubit

Er zijn meerdere soorten qubits die werken met de eigenschap spin. Spin is net als lading en massa een eigenschap van een deeltje. Allereerst komt het bewijs van het bestaan van de quantumeigenschap spin en wat deze eigenschap inhoudt. Daarna komt een praktischer gedeelte over hoe je een spin qubit kunt realiseren door middel van quantumdots. Vervolgens komen drie verschillende soorten spin qubits aan de beurt.

Stern-Gerlach machine

De Stern-Gerlach machine is een apparaat dat werd gebruikt om spin te bewijzen en te onderzoeken. Quantumspin is een eigenschap van een deeltje. In tegenstelling tot wat de term lijkt te zeggen is dit niet de mate waarin een deeltje om zijn as draait. Zoals eerder uitgelegd, wordt een magnetisch veld opgewekt door magneten of bewegende geladen deeltjes. Als geladen deeltjes om hun as draaien, creëren ze een magnetisch veld. Nu blijkt dat elk deeltje zo'n magnetisch veld om zich heeft. Het maakt dus niet uit of het deeltje geladen is of dat het beweegt. Het hebben van een magnetisch veld wordt spin genoemd. Dit is dus een eigenschap van het deeltje zelf en is niet afhankelijk van de snelheid waarmee een deeltje ronddraait. De Stern-Gerlach machine is ontworpen om meer te leren over de eigenschap spin. Hierna worden de verschillende ontdekkingen die door deze machine gedaan zijn uitgelegd.

De Stern-Gerlach machine bestaat uit vier belangrijke onderdelen. De machine begint met een deeltjesbron die een stroom van deeltjes zoals elektronen of fotonen uitzendt. Die deeltjes worden uitgezonden in de richting van twee magneten. Boven de baan die de deeltjes volgen is een noordpoolmagneet geplaatst, onder de baan een zuidpoolmagneet. De bovenste noordpool magneet is iets sterker dan de onderste. Het derde belangrijke onderdeel is het detectiescherm, hierop wordt gemeten waar de deeltjes terecht komen.

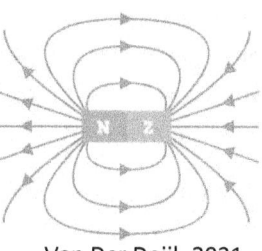

Van Der Deijl, 2021

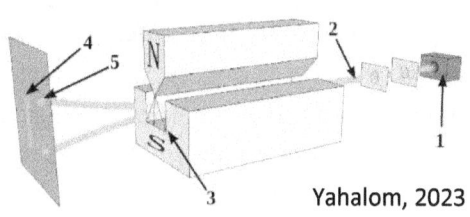

Yahalom, 2023

De deeltjes hebben van zichzelf een magnetisch veld. Dit betekent dat ze zelf ook een klein beetje magnetisch zijn. Een voorbeeld van de Stern-Gerlach machine zie je in de afbeelding hiernaast.

Stel je nu voor dat we in plaats van deeltjes, magneetjes door de Stern-Gerlach machine laten gaan. We weten dat een noordpool en een zuidpool elkaar aantrekken, terwijl twee noordpolen of twee zuidpolen elkaar afstoten.

We bekijken eerst twee scenario's waarbij de magneetjes die we door de machine sturen verticaal zijn. Dat wil zeggen dat de noordpool van het magneetje helemaal naar boven of helemaal naar beneden gericht is. Als de noordpool van het magneetje naar beneden is gericht, dan is de zuidpool van het magneetje naar boven gericht. Zodra dit magneetje begint aan zijn baan tussen de magneten door, begint de noordpoolmagneet boven in de machine te trekken aan de zuidpool van het magneetje. De zuidpoolmagneet onder in de machine begint te trekken aan de noordpool van het magneetje. Zoals gezegd is de bovenste magneet sterker dan de onderste magneet. De noordpool van de machine trekt dus harder aan het magneetje dan de zuidpool. Hierdoor gaat het magneetje steeds verder omhoog en komt hij in de afbeelding bij plek 5 op het detectiescherm. Het detectiescherm registreert waar het deeltje terechtkomt. De tweede optie is dat de noordpool van het magneetje die we door de machine sturen, naar boven gericht is. Dit betekent dat de noordpool van de machine de noordpool van het magneetje afstoot. Tegelijkertijd stoot de zuidpool van de machine de zuidpool van het magneetje ook af. De bovenste magneet van de machine is sterker, dus de afstotende kracht van de noordpool van de machine en de noordpool van het magneetje bovenin is groter dan de afstotende kracht van de zuidpool van de machine en de zuidpool van het magneetje beneden in de machine. Het magneetje gaat dus naar beneden.

We hebben nu de opties gezien van een magneetje die verticaal door de machine gaat. Nu is de vraag wat er gebeurt als we een magneetje horizontaal door de machine sturen. De bovenkant van de machine trekt de zuidpool van het magneetje dan aan en stoot tegelijkertijd de noordpool van dat magneetje even hard af. De onderkant van de machine doet precies het tegenovergestelde. Dit magneetje zal dus rechtdoor gaan. Als we het magneetje niet horizontaal of verticaal door de machine sturen, maar bijvoorbeeld met de noordpool schuin naar onder, dan gaat dit magneetje langzamer omhoog dan het magneetje waarvan de noordpool helemaal naar beneden gericht was. Als we een reeks van magneetjes waarbij de noordpolen verschillende kanten op wijzen door de machine sturen krijgen we op het detectiescherm dus een streep te zien met alle plekken waar het magneetje terecht kan komen.

Er werd verwacht dat de deeltjes die door deze machine gestuurd werden op het detectiescherm ook een streep zouden veroorzaken. Dit zou betekenen dat elk deeltje gewoon een soort magneetje is en zich ook als een magneetje gedraagt. Nu bleek dat het detectiescherm geen streeppatroon vertoonde wanneer er deeltjes doorheen gestuurd werden. De deeltjes werden alleen onderin en bovenin aangetroffen. Dit zou betekenen dat de magneet in het deeltje altijd verticaal gericht is. Als we de machine op zijn kant plaatsen, blijkt dat de deeltjes helemaal links of helemaal rechts op het detectiescherm kwamen. De magneet in een deeltje kan niet volledig naar links of rechts en tegelijkertijd volledig naar onder of boven gericht zijn. Er is dus iets anders aan de hand. Hier komt spin in beeld.

Spin

Spin is een eigenschap dat elk deeltje heeft. Deze eigenschap bestaat uit een magnetisch veld om het deeltje. Spin blijkt een quantumeigenschap te zijn. Dit zorgt ervoor dat de spin in superpositie kan zijn. De richting van de spin kan in superpositie zijn. De richting van de spin is de richting van het magnetisch veld om het ion. De richting van de spin van een deeltje kan tegelijkertijd omhoog en naar beneden, naar links en rechts en naar voor en achter staan. Als we hier metingen mee uitvoeren, blijkt dat de spin in maximaal één richting bepaald is. Stel dat we van een deeltje de spin meten en deze is naar boven. Vervolgens plaatsen we de machine overdwars. Nu meten we de spin van het deeltje. De spin is bijvoorbeeld naar links. Omdat we de spin maar in een richting kunnen bepalen weten we niet meer of de spin naar boven of naar beneden is. Als we de machine dus weer recht zetten en de spin van het deeltje meten, kan deze dus zowel naar boven als naar beneden gericht zijn. Dit komt doordat je de spin overdwars meet en daardoor de superpositie verstoort.

Er zijn verschillende soorten spin. Sommige deeltjes wijken op het detectiescherm steker af van het midden dan anderen. Dit komt omdat ze een sterker magnetisch veld hebben. Als we verschillende deeltjes door de Stern-Gerlach machine laten gaan, kunnen we zien dat er steeds even grote afstand tussen de plekken zit waar de deeltjes op het detectiescherm zitten.

De afstand tussen twee plekken is elke keer de helft van een constante. Elektronen komen een half keer de constante onder of boven het midden op het detectiescherm terecht. Ze hebben dus de mogelijkheden +½ en -½. Je noteert het grootste getal van de mogelijkheden achter de spin. Elektronen hebben dus spin-½. Er bestaan ook deeltjes met spin-1. Dit zou je kunnen zien als de optelling van twee deeltjes met spin-½. De mogelijkheden van de spin voor deeltjes met spin-1 zijn dan dus: ½ + ½ = 1 of ½ + -½ = 0 of -½ + ½ = 0 of -½ + -½ = -1. Samengevoegd is dit -1, 0 of 1. In een meting betekent dit dat je spin naar boven, naar beneden of niet meet. In het laatste geval gaat het deeltje dus rechtdoor. De lijst met mogelijkheden is nog uit te breiden met deeltjes met hogere spinwaarden. Hieronder staat een tabel om een idee te geven hoe dit zich uitbreidt. De spin van deeltjes met spin-1 of andere hele getallen noem je geheeltallige spin. Dit zijn de Bosonen. De spin van deeltjes die een spin hebben van ½ of 1½ enz. noem je halftallige spin. Dit zijn fermionen. Om spin als qubit te gebruiken moeten we toestanden definiëren. Er is afgesproken de spin naar boven |0⟩ is en spin naar beneden |1⟩.

	Soort			Mogelijkheden				
Spin-½	Fermion			-½	½			
Spin-1	Boson		-1	0	1			
Spin-1½	Fermion		-1½	-½	½	1½		
Spin-2	Boson	-2	-1	0	1	2		

Quantumdot

De quantumdot is een val voor spin qubits. Een quantumdot is twee tot tien nanometer groot. Hij bestaat uit weinig atomen en elektronen, omdat hij zo klein is. Hierdoor hebben de elektronen weinig bewegingsruimte. Een quantumdot zorgt ervoor dat de beweging van elektronen in de drie dimensies gedempt worden. Hierdoor is het makkelijk om bewerkingen uit te voeren op de spin van het elektron.

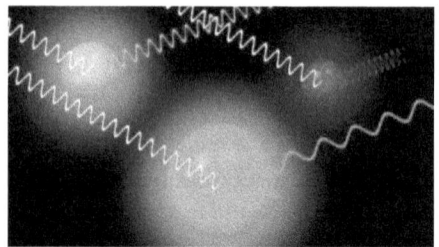

Wikipedia-bijdragers, 2023

Een quantumdot is bijzonder, omdat deze licht kan uitzenden waarvan de golflengte in lineair verband staat met de massa van de quantumdot. Dit kun je zien in de afbeelding. Dat deze quantumdots licht kunnen uitzenden afhankelijk van hun massa komt doordat de elektronen in zo'n kleine groep deeltjes een vaste plek hebben gekregen. Alle elektronen zitten dus in een val waarin ze beperkte beweging hebben. Elektronen die op een vaste plek zitten kunnen makkelijk bewerkt worden. Dit is dus ideaal voor een quantumcomputer die gemaakt is van spin qubits.

Silicium spin qubit

Een soort qubit die gebruik maakt van de eigenschap spin en van quantumdots is de silicium spin qubit. Hierin wordt silicium gebruikt als quantumdot. Een quantumdot is hier dus een klein stukje materiaal met zodanige eigenschappen dat de elektronen in de quantumdot gebruikt kunnen worden als qubit. Het bewerken van de spin als qubit gaat in meerdere stappen. Eerst moet de spin in een bekende toestand gebracht worden. Meestal wordt deze in de staat |0⟩ geplaatst door middel van *Elzerman readout*. Wat dat is leggen we later uit. Vervolgens kunnen er poorten op toegepast worden. Dit gebeurt door een korte verandering in het elektrische of magnetische veld te creëren. Het meten van de qubits kan ook worden gedaan door een magnetisch veld. Je kan, door te kijken hoe de spin verandert, zien in welke staat deze was. In plaats van silicium kunnen ook sommige andere stoffen gebruikt worden, maar tot nu toe is silicium de beste optie. Een belangrijk voordeel van een qubit in een quantumdot is dat deze makkelijk schaalbaar is. Er kunnen namelijk heel veel qubits op een chip naast elkaar geplaatst worden.

Elzerman readout

De *Elzerman readout*, in het Nederlands Elzerman meting genoemd, is een methode die gebruikt wordt om spin van qubit te meten. Hier wordt een energiereservoir gebruikt. Een energiereservoir is in dit geval een plek waar een deeltje zijn spin omzet in energie. Er wordt een energiereservoir aangelegd naast het elektron of het atoom, hierbij geldt dat er niets gebeurt als de spin naar beneden is, omdat de energie van deze toestand te laag is. In de afbeelding rechts betekent dit dus dat de paarse qubit niet naar links door de zwarte lijn kan gaan. In de linkerhelft van de afbeelding is er sprake van een spin naar boven. De blauwe qubit heeft dus genoeg energie om over de zwarte balk te gaan. Zodra de qubit hier overheen is, zendt hij zijn energie uit. Hij gaat dan van lichtblauw naar donkerblauw. Deze energie wordt gemeten in de grafiek die ernaast staat. De qubit is in het lichtblauwe gedeelte in de staat |0⟩ en heeft dus een spin naar beneden gericht. Vervolgens kan de qubit met het eenrichtingsverkeer mee door de zwarte blokkade. Hier is hij dus op de plek waar de qubits in staat |0⟩ altijd zijn. De *Elzerman readout* kan dus gebruikt worden om qubits in de staat |0⟩ te brengen voordat je een algoritme start. Daarnaast kan de *Elzerman readout* gebruikt worden om te meten of de qubits spin naar boven of beneden heeft. In het geval van superpositie tussen spin naar boven en beneden is er natuurlijk een bepaalde kans dat de qubit in de staat |1⟩ is. Als de qubit in de staat |0⟩ is, zal je niets meten, maar als de qubit in de staat |1⟩ is, zal de sensor naast het atoom of het elektron energie opvangen en zul je een piek in de grafiek zien.

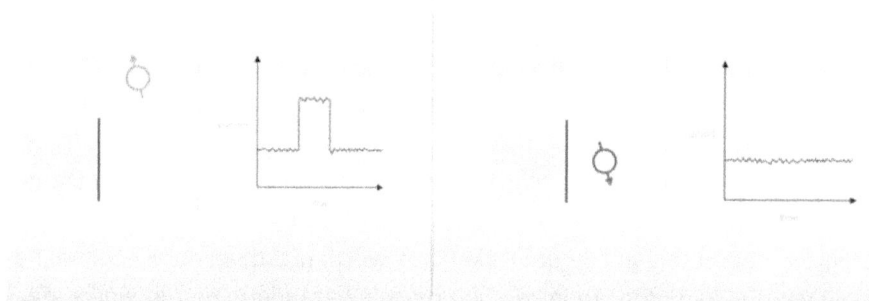

QuTech Academy, z.d.

Koolstof-13 in diamant

Een tweede manier om op basis van spin een qubit te maken kan door middel van diamant. Diamant is koolstof dat onder hoge druk in een regelmatig rooster is geperst. Dat rooster zie je hiernaast. Koolstof heeft normaal gesproken zes protonen en zes neutronen. Totaal zijn dit twaalf deeltjes in de kern van koolstof. Daarom wordt dit koolstof-12 genoemd. Koolstof-12 heeft als geheel geen spin. Dit komt omdat het

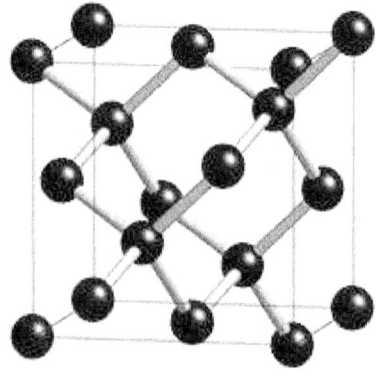

Wikipedia-bijdragers, 2023

bestaat uit een even aantal protonen en neutronen. Binnen het koolstof-12 atoom bevinden zich wel verschillende deeltjes met allemaal een eigen spin, maar deze heffen elkaar op, omdat er evenveel protonen als neutronen zijn. In 1% van de gevallen heeft een koolstofatoom geen zes neutronen, maar zeven. Dit atoom is dus koolstof-13. Het feit dat er een oneven aantal neutronen zijn, zorgt ervoor dat de spintoestanden elkaar niet kunnen opheffen. Koolstof-13 blijkt spin-½ te hebben. We hebben nu dus een regelmatig kristalrooster met op sommige plaatsen een atoom met quantumeigenschappen. Dit atoom zal nooit verplaatsen omdat het op een vaste plek in het rooster zit. Dit maakt het ideaal voor een qubit. Hierin is de spin -½ de staat |0⟩ en de spin ½ de staat |1⟩.

NV-center in diamant

De tweede manier om van diamant een qubit te maken, is met behulp van een *NV-center*. Hierin staat N voor stikstof en V voor lege plek. Een zuivere diamantstructuur zie je in de afbeelding bij het kopje hierboven. In zo'n structuur wordt doelgericht een koolstofatoom vervangen door een stikstofatoom. Dit wordt gedaan door het stikstofatoom met hoge kinetische energie in het rooster te schieten. Vervolgens wordt het rooster rond de plek van het stikstofatoom verhit, zodat één van de vier koolstofatomen eromheen wegschiet en daar dus een lege plek ontstaat. Hierna wordt het kristal nog verder verhit, waardoor alle overige koolstofatomen goed gerangschikt worden en het stikstofatoom en de lege plek naast elkaar liggen. Het *NV-center* gedraagt zich als een deeltje met

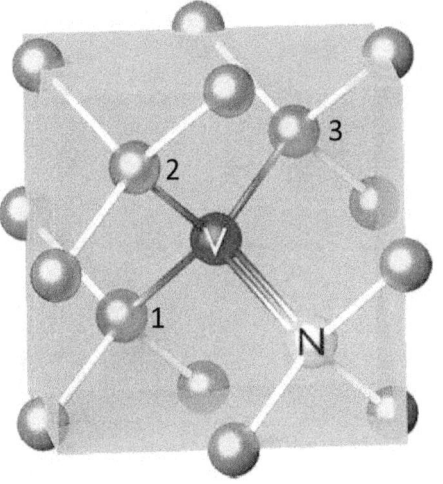

Wikipedia-bijdragers, 2023

spin. Het stikstofatoom en de lege plek hebben een spin van ½ of -½. Alle lijnen die in de afbeelding paars zijn hadden bindingen met elektronen moeten zijn. Doordat daar een lege plek is, zijn er vijf losse elektronen. Het stikstofatoom heeft dus twee losse elektronen. De andere drie losse elektronen zijn van de koolstofatomen. Zoals je in het gedeelte van de supergeleidende qubit hebt kunnen lezen, willen elektronen graag in paren voorkomen. De twee losse elektronen van het stikstof atoom kunnen goed koppelen omdat deze heel dicht bij elkaar liggen. Vervolgens zijn er nog drie losse elektronen. Deze drie kunnen op verschillende manieren koppelen. Eén met twee, één met drie of twee met drie. Omdat dit op verschillende manieren kan, kunnen deze koppelingen ook constant wisselen. Daarom kunnen we deze drie elektronen zien als een geheel. Drie elektronen blijken spin-½ te hebben. Stikstof heeft van zichzelf spin-½, omdat stikstof een oneven aantal protonen heeft. Stikstof en de lege plek kunnen we samen zien als een deeltje met spin-1 Als de spin van het stikstofatoom en de lege plek beide naar boven zijn, krijg je ½ + ½ = spin +1. Als ze beide naar beneden zijn, krijg je -½ + -½ = spin -1. Als een van beide naar beneden is, krijg je ½ + - ½ = spin 0. Nu geldt de spin 0 als staat |0⟩ en de spin +1 en -1 samen als de staat |1⟩. Deze qubit heeft een coherentietijd van ongeveer 5 milliseconden.

Voor- en nadelen van soorten qubits

Zoals je hebt kunnen lezen zijn er heel veel verschillende soorten qubits. Elke qubit heeft zijn voor- en nadelen. Dat hebben we hier op een rij gezet.

Supergeleidende qubit

Voordelen:
- Quantumpoorten werken snel → snelle berekeningen
- Goede schaalbaarheid
- Productie mogelijk met bestaande technieken

Nadelen:
- Korte coherentietijd
- Gevoelig voor ruis
- Extreme koeling nodig (15mK)

Topologische qubit

Voordelen:
- Erg ongevoelig voor ruis
- Poorten zijn betrouwbaar
- Hebben een betrouwbaarheid van 99,9999%

Nadelen:
- Nog geen enkele topologische qubit bestaat
- Moeilijk om *anyons* te produceren
- Met braiding kunnen niet alle punten op de Bloch-bol bereikt worden
- Systeem moet extreem gekoeld worden
- Moeilijk op te schalen

Ionenval

Voordelen:
- Erg lange coherentietijd
- Nauwkeurige quantumpoorten
- Niet erg ruisgevoelig

Nadelen:
- Systeem moet extreem gekoeld worden
- Moeilijk op te schalen

Fotonische qubit

Voordelen:
- Goed bestand tegen ruis
- Werkt deels op kamertemperatuur
- Makkelijk op te schalen
- Extreem lange coherentietijd
- Gebruikmaken van bestaande apparatuur

Nadelen:
- Verstrengeling is moeilijk
- Multi-qubit poorten lastig
- Qubits vernietigd bij meting
- Foton generatie en meting moeilijk

Spin qubit

Voordelen:
- Lange coherentietijd
- Goede schaalbaarheid
- Niet veel koeling nodig
- Overlap met chipindustrie maakt de productie goedkoop

Nadelen:
- Extreem klein, dus moeilijk mee te werken
- Moeilijk te meten

Opbouw quantumcomputer

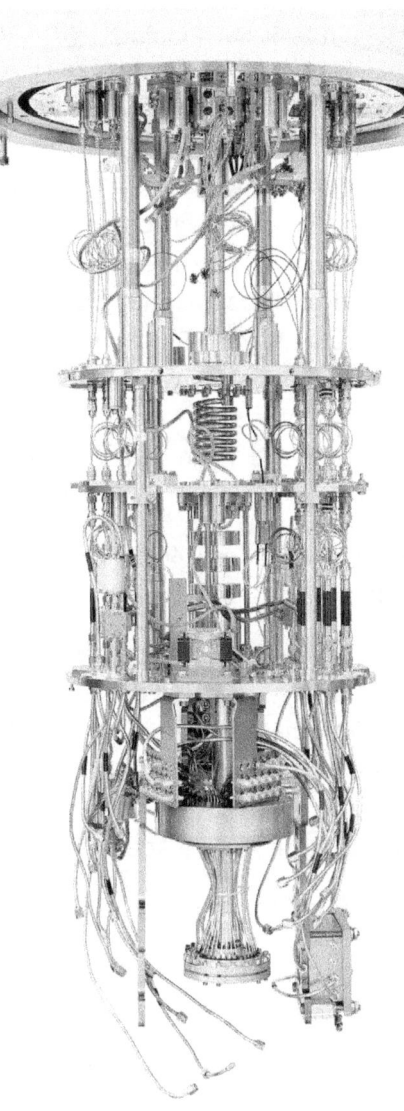

Bell, 2021

Hiernaast zie je een foto van een quantumcomputer, waarbij het omhulsel ervan afgehaald is. Een quantumcomputer bestaat altijd uit vijf belangrijke onderdelen.

Omhulsel. Dit is het bovenste deel van de afbeelding. Dit omhulsel beschermt tegen licht, geluid en ruis en houdt de temperatuur constant laag.

Kabels. Deze kabels verbinden alles in de quantumcomputer en sturen signalen naar en ontvangen signalen van de qubits. Deze kabels zorgen er ook voor dat we quantuminformatie kunnen omzetten naar klassieke informatie en andersom.

De gouden platen zorgen ervoor dat de quantumcomputer op een hele lage temperatuur blijft. Hoe verder je naar beneden gaat, hoe lager de temperatuur is.

De grijze buizen. Dit is voor de koeling van de qubit. Dit kan op verschillende manieren. Dit leggen we hierna uit.

De qubits zelf. Deze bevinden zich helemaal aan de onderkant van de quantumcomputer. Dit gedeelte is er dus bij elk soort qubit anders.

Betrouwbaarheid van metingen

Het is belangrijk om te zorgen dat de uitkomsten van metingen betrouwbaar zijn. Deze uitkomsten kunnen beïnvloed worden door ruis. Ruis kan van buitenaf komen, door bijvoorbeeld het magnetisch veld van de aarde, kosmische straling of een temperatuursverandering. Ook kan er sprake zijn van *crosstalk*. Dit betekent dat onbedoeld een naburige qubit wordt beïnvloed terwijl er geen poort wordt uitgevoerd op die qubit. Een voorbeeld hiervan: Als we met een laserstraal de staat van een qubit willen veranderen kan dit ervoor zorgen dat dit naburige qubits beïnvloed. Daarnaast kan de superpositie van de qubit vervallen, decoherentie genoemd. Ten slotte kunnen er fouten zitten in de quantumpoorten. Wat dit is leggen we straks uit, of kijk even achterin. Als er bijvoorbeeld een draai van 180° moet worden uitgevoerd, en de poort zorgt voor een draai van 179°, dan verandert het hele systeem en is de uitkomst niet betrouwbaar.

Het doel is om uiteindelijk een betrouwbaarheid van 99,999% te krijgen. Hierbij gaat het dus maar 1 keer fout bij 100.000 berekeningen.

Om dit doel te behalen wordt er onder andere foutcorrectie gebruikt. Wat dit is wordt verderop behandeld. Ook wordt er gezorgd dat de quantumcomputer op een hele lage tempratuur is. Dit is net boven 0 Kelvin. Dat is om ervoor te zorgen dat de warmte-energie van de omgeving minder is dan de benodigde energie om de toestand van de qubits te veranderen. Niet alle qubits hoeven op een hele lage temperatuur te zijn. Dit koelen kan op verschillende manieren.

Koeling

Veel qubits vereisen koeling om ervoor te zorgen dat de superpositie niet snel verstoord wordt. De elektromagnetische straling kan hierdoor vrijwel geen schade aanrichten. Er zijn veel verschillende soorten koeling, die gebruikt worden voor verschillende soorten qubits. Hieronder staan verschillende soorten koeling.

Helium isotopen

Bij koeling wordt gebruik gemaakt van verschillende stoffen, bijvoorbeeld met stikstof en zuurstof. Ook wordt er gekoeld met verschillende soorten helium: helium-3 en helium-4. Dit zijn twee isotopen van de stof helium. Van helium is bekend dat het atoomnummer 2 is. Het getal achter de stof is het massagetal. Dat is het aantal protonen en neutronen bij elkaar opgeteld. Helium-3 heeft dus één neutron en helium-4 heeft twee neutronen.

Dilution refrigerator

Koelen met behulp van een *dilution refrigerator* is een speciale vorm van koeling die gebruikt wordt om objecten onder 1 Kelvin te koelen. Kelvin wordt afgekort met K, tien Kelvin is dus 10K. Deze koelmethode maakt gebruik van isotopen van helium, namelijk helium-3 en helium-4. Dit zijn bij kamertemperatuur en normale luchtdruk gassen. Helium-3 heeft een kookpunt van 3,19K en helium-4 een kookpunt van 4,22K. Zodra je onder het kookpunt komt, worden de gassen vloeibaar.

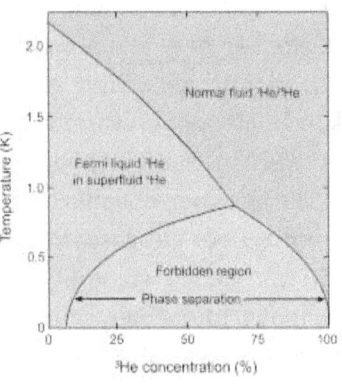

Wikipedia-bijdragers, 2023

Als je deze stoffen blijft koelen, gebeurt er vanaf 2,1K iets vreemds. Van het mengsel van beide helium isotopen, splitst een gedeelte af. Nu blijkt dat het helium-3 liever in het eerste mengsel wil zijn en dat helium-4 liever in het afgesplitste mengsel wil zijn. Naar mate we verder koelen blijkt dit effect steeds sterker te worden. Bij bijna 0K bestaat het gewone mengsel volledig uit helium-3 en het afgescheiden mengsel voor meer dan 93% uit helium-4.

Eerst gaan we kijken naar de verschillende stoffen zie zich in de koeling bevinden. Dit leggen we uit aan de hand van de afbeelding. Zoals je links- en rechtsboven in de afbeelding kunt zien is het hele systeem omringd door een stikstofbad van 77K en een helium-4 bad van 4,2K. Door deze lage temperaturen neemt het systeem de warmte van de omgeving veel minder snel op. In het 1K bad bevindt zich ook helium-4. Vanuit het 4,2K bad wordt het helium-4 in het 1K bad gebracht. Dit 1K bad staat onder hele lage druk. Lage druk verlaagt het kookpunt. Het helium-4 dat verdampt in het 1K bad onttrekt warmte aan het 1K bad en wordt weggevoerd waardoor nieuwe vloeibare helium-4 naar binnen kan. Een gedeelte van het helium-4 zorgt er dus voor dat het andere gedeelte koud blijft door er warmte aan te

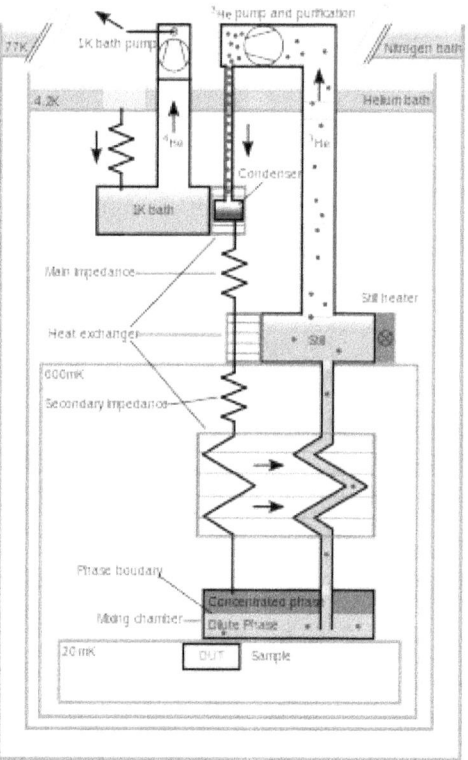

Wikipedia-bijdragers, 2023

onttrekken. Naast en onder de helium-4 cyclus zien we de cyclus van helium-3. We beginnen bovenin bij de helium-3 pomp. Het helium-3 is hier nog gasvormig. Door het gasvormige helium-3 langs het 1K bad te leiden, staat het zijn warmte af en wordt het vloeibaar. Hierna gaat het helium-3 verder naar beneden totdat het naast het reservoir is. Hier wordt het afgekoeld tot 600mK dit is gelijk aan 0,6K. Daarna gaat het verder naar beneden tot het in het donker- en lichtblauw gedeelte komt. Onderweg hierheen blijft het gekoeld worden door het helium dat aan de andere kant naar boven stroomt. In het onderste gedeelte, dat ook wel de mengruimte genoemd, bevindt zich een mengsel van twee vloeistoffen. Dit zijn de twee mengsels die we eerder hebben besproken: een mengsel van 93% helium-4 en 7% helium-3 en zuiver helium-3. Het lichtblauwe gedeelte is het mengsel wat voornamelijk uit helium-4 bestaat en het donkerblauwe gedeelte is het zuivere helium-3. Het helium-3 stroomt in het zuivere helium-3 en gaat vandaar door naar het mengsel. Tussen het zuivere helium en het mengsel zit een grens. Door die grens gaan kost energie. Het helium-3 wat door de grens gaat, staat dus warmte af. De vloeistof is hier nog maar 20mK. Hier zitten de apparaten die gekoeld moeten worden. Vervolgens stroomt het helium-3 dat door de apparatuur iets is opgewarmd in het mengsel omhoog. Hierbij koelt het helium-3 wat omhooggaat, het helium-3 wat naar beneden gaat af. Hierna komt het in het reservoir. Hier verlaat het helium-3 het mengsel en geeft dus warmte af. Daardoor wordt het ook weer gasvormig en kan het weer gebruikt worden door de pomp.

Deze vorm van koeling wordt veel gebruikt bij supergeleidende qubits, omdat met deze methode bijna het absolute nulpunt (0 Kelvin) bereikt wordt.

Koeling met cryogene vloeistoffen

Cryogene vloeistoffen zijn vloeistoffen die bij kamertemperatuur gas zouden zijn. Als cryogene vloeistoffen worden bijvoorbeeld helium of stikstof gebruikt. Vloeibare stikstof heeft een kookpunt van 77 Kelvin en vloeibare helium een kookpunt van 4 Kelvin.

Door de vloeistof onder druk te zetten en koud te maken wordt het vloeibaar. Als we dit nu naast de quantumcomputer gasvormig laten worden neemt het de warmte van de quantumcomputer op. In de afbeelding wordt de stof vloeibaar gemaakt bij de condensor en wordt de druk opgevoerd bij de compressor.

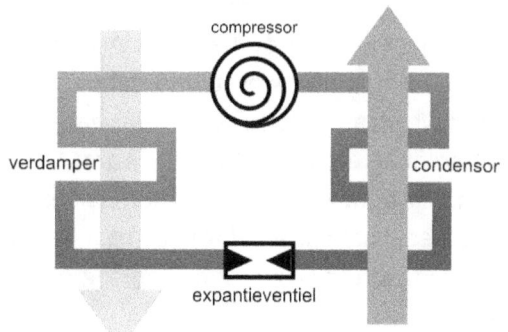

Wikipedia-bijdragers, 2006

De temperatuur stijgt op die plek omdat condenseren (vloeibaar worden) en onder druk gebracht worden energie oplevert. Vervolgens wordt de stof naar het gedeelte geleid waar deze moet koelen. De stof wordt gasvormig gemaakt bij de verdamper en hierdoor daalt de temperatuur. Hierna wordt de druk door het expansieventiel van de vloeistof afgehaald. Daardoor daalt de temperatuur nog meer. De gasvormige stof wordt weggeleid en vloeibaar gemaakt. Daardoor neemt de warmte op die plek toe. De warmte wordt dus eigenlijk bij de computer verwijderd en op een andere plek 'teruggeplaatst'. Je kunt met deze methode afkoelen tot iets boven het kookpunt van de stof. Als je helium gebruikt kun je dus afkoelen tot 4 Kelvin.

Koeling met cryogene vloeistoffen wordt onder andere gebruikt bij silicium spin qubits en fotonische qubits, omdat deze qubits niet onder 1 Kelvin gekoeld moeten worden. Deze vorm van koeling is eenvoudiger dan koeling met een *dilution refrigerator*.

Dopplerkoeling
Dopplerkoeling is een vorm van koeling die gebruik maakt van het effect dat snelheid heeft op licht. Dit heet het optisch dopplereffect.

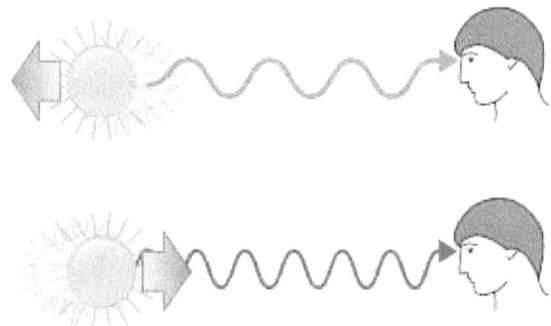

Optisch dopplereffect

Wikipedia-bijdragers, 2023

Het optisch dopplereffect is het effect dat snelheid heeft op het licht. Als de afstand tussen een lichtbron en de waarnemer groter wordt, doordat de waarnemer bijvoorbeeld van de lichtbron weggaat, worden de golven waaruit het licht bestaat uitgerekt en wordt de golflengte groter. Hierdoor wordt het licht roder. Als de afstand tussen een lichtbron en de waarnemer kleiner wordt, doordat de waarnemer bijvoorbeeld naar de lichtbron toe gaat, worden de golven waaruit het licht bestaat ingedrukt en wordt de golflengte korter Hierdoor wordt het licht blauwer.

Dopplerkoeling
Warmte is eigenlijk niets anders dan het trillen van atomen. Van een bepaald atoom is bekend dat deze blauw licht absorbeert. Als we een laserstraal van groen licht op dit atoom richten zal er niets gebeuren als dit atoom stilstaat. Als het atoom van de laser af beweegt, zal dit atoom de golf van de lichtstraal als rood ervaren en zal er ook niets gebeuren. Als het atoom naar de laser toe beweegt, zal dit atoom de golf als blauw ervaren. Licht is zowel golven als deeltjes. De lichtgolf kun je dus ook zien als fotonen. Het atoom absorbeert dus een foton. Een atoom dat een foton heeft geabsorbeerd is niet stabiel en het atoom zal dit foton dus weer uitstoten in een willekeurige richting. Als het atoom dus naar links beweegt gebeurt er niets maar als hij naar rechts beweegt absorbeert hij een foton. Hierdoor is de trilling naar rechts opgevangen. Doordat dit proces extreem vaak plaatsvindt zullen de atomen

niet meer in de richting van de laser bewegen en is de trilling minder groot. De temperatuur wordt dus lager. Omdat er veel atomen zijn, zal er geen netto verandering van snelheid omhoog of omlaag zijn. Deze vorm van koeling wordt ook wel doppler koeling genoemd.

Deze soort van koeling wordt gebruikt bij ionenvallen, omdat dit het magnetisch veld van de val niet verstoord. Ook tast deze methode de superpositie van het ion niet aan.

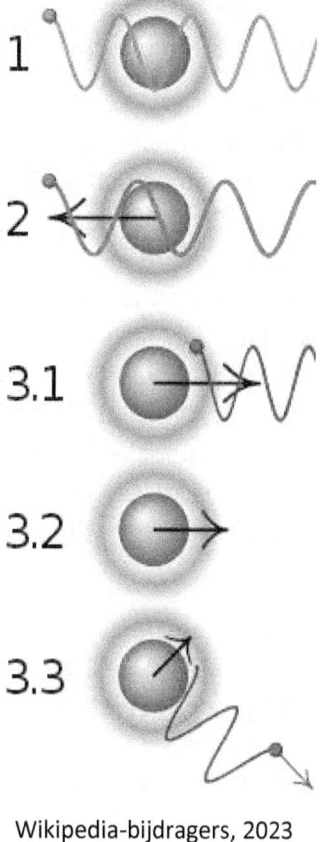

Wikipedia-bijdragers, 2023

Quantumpoorten

Single-qubit poorten
Met alleen qubits hebben we nog geen complete quantumcomputer. Als de waarde van de qubits niet verandert, dan zal het totale systeem hetzelfde blijven. Om berekeningen uit te voeren hebben we zogenaamde poorten nodig. Het woord dat meestal gebruikt wordt in plaats van poorten is *gates*. Nadat een poort wordt toegepast op een qubit verandert de qubit. Als we dat zien in een Bloch-bol, dan zorgt een poort ervoor dat de pijl roteert. Een andere poort zorgt voor een andere rotatie. De fysieke bouw van elke qubit is anders. Dit komt omdat elk soort qubit ook een anders opgebouwd is en andere materialen gebruikt. Daarom bekijken we hier poorten in het algemeen, enigszins wiskundig. Hier worden nu poorten behandeld die werken op één qubit, oftewel *single-qubit gates*. Dit zijn de X, Y, Z, H, T en S poorten.

X-poort
Andere namen voor deze poort zijn: Pauli-X poort, NOT-poort, bit-flip poort. Een X-poort voert een rotatie rond de X-as uit. Een $|0\rangle$ wordt veranderd in een $|1\rangle$ en een $|1\rangle$ wordt veranderd in een $|0\rangle$. Als we een qubit in superpositie hebben $|\psi\rangle = \alpha|0\rangle + \beta|1\rangle$ en er wordt een X-poort op toegepast, krijgen we de volgende superpositie: $|\psi\rangle = \beta|0\rangle + \alpha|1\rangle$.

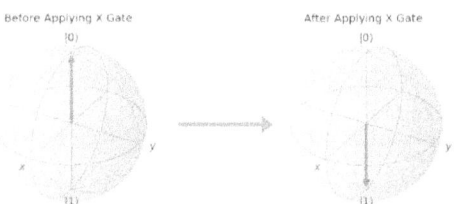

Qiskit: X Gate Tutorial - Deep Learning University, 2021

Y-poort
Deze poort is een combinatie tussen de X-poort en de Z-poort. Hierbij vindt er een rotatie rond de Y-as plaats. Deze poort voert dus een bit-flip en een fase-flip uit. Om dit te snappen kan je beter het verhaal hierna lezen.

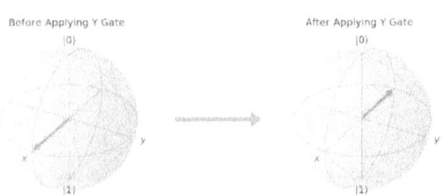

Qiskit: Y Gate Tutorial - Deep Learning University, 2021

Z-poort

Deze poort wordt ook wel een fase-flip poort of Pauli-Z-poort genoemd. Er vindt een rotatie rondt de Z-as plaats. Deze poort verandert de eigenlijke staat van de qubit niet, maar verandert de relatieve fase tussen de staten |0⟩ en |1⟩. Wat de relatieve fase

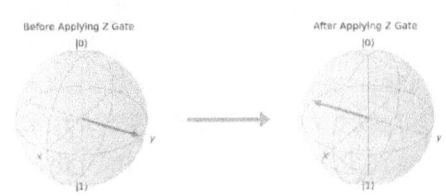

Qiskit: Z Gate Tutorial - Deep Learning University, 2021

is, heb je eerder kunnen lezen bij qubits. De |0⟩ blijft een |0⟩ en een |1⟩ wordt veranderd in een -|1⟩ of andersom. Op een superpositie kan ook een Z-poort worden toegepast. Als de superpositie |ψ⟩ = α|0⟩ + β|1⟩ is, dan is het na toepassing van een Z-poort |ψ⟩ = α|0⟩ - β|1⟩.

Hadamard poort

De Hadamard poort zorgt ervoor dat een qubit in superpositie komt. Bij het toepassen van een H-poort op toestand |0⟩ krijg je een superpositie die je kan ook kan beschrijven als |+⟩. Nu heeft de qubit nadat hij gemeten is een kans om in toestand |0⟩ te zijn van ½ en de kans om in toestand |1⟩ te zijn is ook ½. De totale kans is altijd 1. Nadat een H-poort wordt toegepast op toestand |1⟩, komt de qubit in de

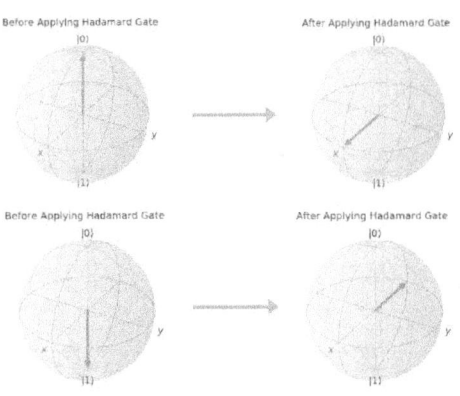

Qiskit: Hadamard Gate - Deep Learning University, 2021

staat |+⟩. Hierbij de kans weer ½ om in toestand |1⟩ of |0⟩ te komen na een meting. Deze |+⟩ en |-⟩ zitten op de X-as van de Bloch-bol. De Hadamard poort is dus een rotatie rond de lijn Z = X. Zodra een quantumcomputer deze superpositie meet, wordt de uitkomst dus |0⟩ of |1⟩. Je weet hierbij dus nooit of het |+⟩ of |-⟩ was. Een quantumcomputer meet namelijk altijd over de z-as. De Hadamard poort is zijn eigen inverse.

T-poort en S-poort

Deze poorten staan beiden bekend als de faseverschuiving poort. Deze poorten voeren een rotatie rond de Z-as uit. Bij de T-poort wordt een rotatie van 45° uitgevoerd rond de z-as. Dit is gelijk aan een faseverschuiving met 45°. De S-poort is gelijk aan een T^2 poort. Dit betekent dat er bij een S-poort een faseverschuiving van 90° plaatsvindt.

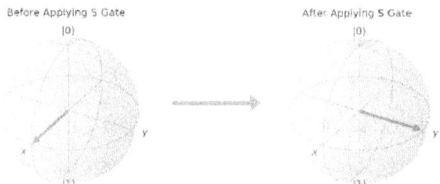

Qiskit: S Gate Tutorial- Deep Learning University, 2021

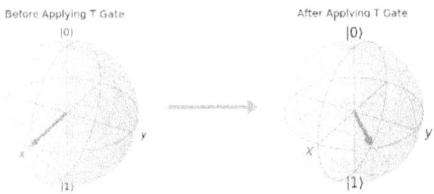

Qiskit: T Gate Tutorial - Deep Learning University, 2021

Multi-qubit poorten

We kijken ook naar één bepaalde poort die werkt op meerdere qubits, omdat deze erg belangrijk is bij het gebruik van algoritmen. Deze poort wordt de CNOT-poort genoemd en bestaat ook in de klassieke wereld.

CNOT-poort

De CNOT-poort is een poort die bestaat uit twee qubits A en B. De eerste qubit A beslist of er een X-poort op qubit B moet worden uitgevoerd. Als A |0⟩ is gebeurt er niets met qubit B. Als A |1⟩ is, wordt er een X-poort op B toegepast. A wordt ook wel de controlequbit genoemd en B de doelqubit. A heeft namelijk controle over B, en B is het doel van A.

De CNOT-poort werkt ook als de controlequbit en/of de doelqubit in superpositie zijn. We kijken hierbij naar een voorbeeld. De controlequbit is in superpositie waarbij de kans op |0⟩ 80% is en de kans op |1⟩ 20% is. In dit voorbeeld is de doelqubit in superpositie waarbij de kans op |0⟩ 40% is en de kans op |1⟩ 60% is. Nadat een CNOT-poort is toegepast, veranderd de kans op |0⟩ van de doelqubit als volgt. 80% van 40% kans op |0⟩ blijft kans op |0⟩. En 20% van 40% kans op |0⟩ wordt |1⟩. Zo gebeurt het ook bij de kans op |1⟩ van de doelqubit. 80% van 60% kans op |1⟩ blijft kans op |1⟩. En 20% van 60% kans op |1⟩ wordt |0⟩. Uiteindelijk is er bij de doelqubit 44% kans op |0⟩ (80% x 40% + 20% x 60%) en 56% kans op |1⟩ (80% x 60% + 20% x 40%), ½

Fase terugslag

Er bestaat een specifiek geval, dat fase terugslag wordt genoemd, waarbij de rollen van de controlequbit en de doelqubit worden omgedraaid. Dit verschijnsel treedt op als de doelqubit in de staat |+⟩ of |-⟩ is. De staat |+⟩ lijkt hierbij op de staat |0⟩ en de staat |-⟩ op de staat |1⟩. Bij fase terugslag verandert de controlequbit, afhankelijk van de staat van de doelqubit. De doelqubit verandert hierbij nooit. Als de doelqubit in staat |+⟩ is, verandert er na het toepassen van een CNOT-poort niets met de controlequbit. Als de qubit in staat |-⟩ is, wordt er een Z-poort toegepast op de controlequbit. De |-⟩ wordt |+⟩ en de |+⟩ wordt |-⟩. De controlequbit kan ook |1⟩ of |0⟩ zijn, maar dan verandert alleen de fase en niet de plaats op de Bloch-bol.

Verstrengeling door multi-qubit poorten

Doordat de toestand van de ene qubit nu afhankelijk is van de andere qubit, kun je de een niet meer beschrijven zonder de ander te beschrijven. Hier is dus sprake van verstrengeling. Bijvoorbeeld: je brengt een controlequbit in superpositie door middel van een H-poort, en de doelqubit is in staat $|0\rangle$. Vervolgens passen we een CNOT-poort. Als nu de controlequbit gemeten wordt en deze bevindt zich in de staat $|0\rangle$, dan weet je dat de doelqubit ook in de staat $|0\rangle$ is. Dit werkt ook andersom. Als de doelqubit gemeten wordt, dan weet je ook de toestand van de controlequbit.

Tabel

Hieronder is te zien wat er met de qubit gebeurt als een bepaalde poort wordt toegepast. In de kolom poort kan je zien welke poort wordt toegepast. In de kolom origineel zie je de quantumtoestand of superpositie aan het begin. In de kolom resultaat zie je wat er met de quantumtoestand of superpositie gebeurt, nadat de poort is toegepast. Het bovenste gedeelte gaat over *single-qubit* poorten (X-, Y-, Z-, H-, T- en S-Poort) en het onderste gedeelte gaat over *multi-qubit* poorten. Hierbij wordt steeds een CNOT-poort toegepast.

	Origineel	Resultaat
X	$|0\rangle$	$|1\rangle$
X	$|1\rangle$	$|0\rangle$
X	$|\psi\rangle = \alpha|0\rangle + \beta|1\rangle$	$|\psi\rangle = \beta|0\rangle + \alpha|1\rangle$
Y	$|0\rangle$	$i|1\rangle$
Y	$|1\rangle$	$-i|0\rangle$
Y	$|\psi\rangle = \alpha|0\rangle + \beta|1\rangle$	$|\psi\rangle = -i\beta|0\rangle + i\alpha|1\rangle$
Z	$|0\rangle$	$|0\rangle$
Z	$|1\rangle$	$-|1\rangle$
Z	$|\psi\rangle = \alpha|0\rangle + \beta|1\rangle$	$|\psi\rangle = \alpha|0\rangle - \beta|1\rangle$
H	$|0\rangle$	$\dfrac{|0\rangle + |1\rangle}{\sqrt{2}}$ Of $|+\rangle$
H	$|1\rangle$	$\dfrac{|0\rangle - |1\rangle}{\sqrt{2}}$ Of $|-\rangle$
H	$|\psi\rangle = \alpha|0\rangle + \beta|1\rangle$	$|\psi\rangle = \dfrac{\alpha + \beta}{\sqrt{2}}|0\rangle + \dfrac{\alpha - \beta}{\sqrt{2}}|1\rangle$
H	$|\psi\rangle = \dfrac{\sqrt{2+\sqrt{2}}}{2}|0\rangle + \dfrac{\sqrt{2-\sqrt{2}}}{2}|1\rangle$	$|\psi\rangle = \dfrac{\sqrt{2+\sqrt{2}}}{2}|0\rangle + \dfrac{\sqrt{2-\sqrt{2}}}{2}|1\rangle$
T	$|\psi\rangle = \alpha|0\rangle + \beta|1\rangle$	$|\psi\rangle = \alpha|0\rangle + \beta\, e^{i\frac{\pi}{4}}|1\rangle$
S	$|\psi\rangle = \alpha|0\rangle + \beta|1\rangle$	$|\psi\rangle = \alpha|0\rangle + i\beta|1\rangle$
S	$|+\rangle$	$|i\rangle$
S	$|i\rangle$	$|-\rangle$

Origineel controlequbit	Origineel doelqubit	Resultaat controlequbit	Resultaat doelqubit
$\lvert-\rangle$	$\lvert-\rangle$	$\lvert+\rangle$	$\lvert-\rangle$
$\lvert-\rangle$	$\lvert+\rangle$	$\lvert-\rangle$	$\lvert+\rangle$
$\lvert+\rangle$	$\lvert-\rangle$	$\lvert-\rangle$	$\lvert-\rangle$
$\lvert+\rangle$	$\lvert+\rangle$	$\lvert+\rangle$	$\lvert+\rangle$
$\lvert\psi\rangle = \alpha\lvert0\rangle + \beta\lvert1\rangle$	$\lvert-\rangle$	$\lvert\psi\rangle = \alpha\lvert0\rangle - \beta\lvert1\rangle$	$\lvert-\rangle$
$\lvert\psi\rangle = \alpha\lvert0\rangle + \beta\lvert1\rangle$	$\lvert+\rangle$	$\lvert\psi\rangle = \alpha\lvert0\rangle + \beta\lvert1\rangle$	$\lvert+\rangle$
$\lvert0\rangle$	$\lvert0\rangle$	$\lvert0\rangle$	$\lvert0\rangle$
$\lvert0\rangle$	$\lvert1\rangle$	$\lvert0\rangle$	$\lvert1\rangle$
$\lvert1\rangle$	$\lvert0\rangle$	$\lvert1\rangle$	$\lvert1\rangle$
$\lvert1\rangle$	$\lvert1\rangle$	$\lvert1\rangle$	$\lvert0\rangle$
$\lvert0\rangle$	$\lvert\psi\rangle = \alpha\lvert0\rangle + \beta\lvert1\rangle$	$\lvert0\rangle$	$\lvert\psi\rangle = \alpha\lvert0\rangle + \beta\lvert1\rangle$
$\lvert1\rangle$	$\lvert\psi\rangle = \alpha\lvert0\rangle + \beta\lvert1\rangle$	$\lvert1\rangle$	$\lvert\psi\rangle = \beta\lvert0\rangle + \alpha\lvert1\rangle$

Fysieke toepassing van poorten op qubits

Op welke manier worden deze poorten toegepast op een qubit? Dit hangt af van het soort qubit. Hieronder is per soort qubit aangegeven hoe de poorten worden toegepast.

Supergeleidende qubits
Bij supergeleidende qubits worden poorten toegepast op de qubit door middel van microgolven. Dit zijn dezelfde golven als in een magnetron. Bij elk soort poorten gebruikt men een puls met een bepaalde frequentie en amplitude. Een puls is een golf die kort positief is en verder nul. Zie een voorbeeld in de afbeelding hiernaast. De staat van de qubit verandert dus volgens de frequentie en amplitude van de puls.

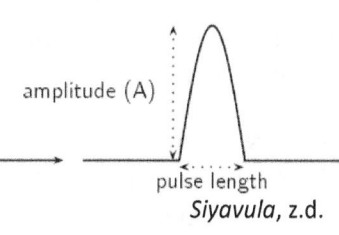
Siyavula, z.d.

Topologische qubits
Bij topologische qubits worden poorten toegepast op de qubit door middel van *braiding*. Door het *braiden* van de *anyons* kunnen we de uitkomst bij de fusie veranderen, dus veranderen we de staat van de qubit. Verschillende soorten *braiding* en verschillende volgorde geven een andere uitkomst. Je kunt dus de volgorde van *braiding* zien als het toepassen van de poort. Hieronder zie je een aantal voorbeelden. Voor een X, Y en een H(adamard) poort zijn dus 4 *anyons* benodigd. Voor een CNOT-poort zijn minimaal 6 *anyons* benodigd. Een voorbeeld van deze poort zie je in de onderste afbeelding hiernaast.

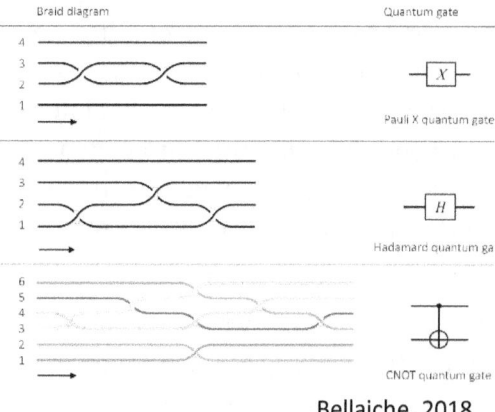
Bellaiche, 2018

Ionenval
Bij ionen in een val worden poorten toegepast op de qubit op verschillende manieren, afhankelijk van het exacte soort ion in val dat wordt gebruikt. Voor

het manipuleren van de hyperfijne qubit worden Raman lasers gebruikt. Dit is een bepaald soort laser waardoor het ion van energieniveau kan wisselen. Afhankelijk van de frequentie en andere variabelen verandert de energietoestand van het ion, waardoor de staat van het ion is veranderd, oftewel een poort is toegepast. Bij Zeeman qubits worden poorten toegepast op dezelfde manier als bij spin qubits. Bij motion qubits worden de bewerking uitgevoerd door middel van laserpulsen en elektrische en magnetische velden. De quantumpoorten veranderen hier de trilling en de rotatie van het ion. Bij de Rydberg qubits worden laserpulsen gebruikt. De poorten passen hier de plaats van het elektron aan.

Fotonische qubits

Bij fotonische qubits hangt het erg af van het soort dat je gebruikt, op welke manier poorten worden toegepast. Zo kan bij *polarisation encoding* door middel van een polarisatiefilter de polarisatie worden aangepast. Een *half-wave plate* kan ervoor zorgen dat de lineaire polarisatie veranderd van polarisatie, oftewel horizontaal naar verticaal en andersom. Een *quarter-wave plate* kan een lineaire polarisatie omzetten in een circulaire polarisatie. Een fase verschuiver verandert de fase van het foton en is dus een variatie op de S-poort of T-poort. Bij *path encoding* kan door middel van beamsplitters een Hadamard poort toegepast worden. Een voorbeeld hiervan zie je in de afbeelding. *Time-bin encoding* is heel ingewikkeld en wordt te weinig gebruikt, waardoor het niet duidelijk is hoe poorten worden toegepast.

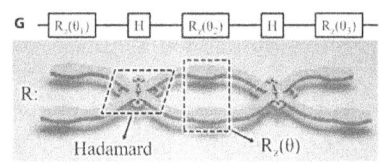

He et al., 2023

Bij *squeezed* fotonen worden *beamsplitters* en fase verschuivers gebruikt. Bij Borealis is de meting het toepassen van de poort. Dus afhankelijk hoe je meet pas je een bepaalde poort toe.

Spin qubits

Bij spin qubits worden de rotatiepoorten toegepast door middel van elektrische en magnetische velden. Elektrische en magnetische velden kunnen net zoals laser pulsen de assen van de spin qubit verdraaien. Dit kan dus betekenen dat na een laserpuls spin naar links $|0\rangle$ is en spin naar rechts $|1\rangle$. De qubit neemt energie op uit het elektrische of magnetische veld. Hierdoor veranderd de spin. De qubit kan gereset worden naar $|0\rangle$ door middel van *Elzerman readout*.

Quantum algoritmen

Om berekeningen uit te voeren met qubits heb je algoritmen nodig. Quantumalgoritmen bestaan uit een combinatie van quantumpoorten. Er kunnen oneindig veel quantumalgoritmen gemaakt worden. Hier leggen we vijf van de belangrijkste quantumalgoritmen uit. Hiervoor hebben we eerst nog wat wiskundige achtergrondkennis nodig over het priemgetal, de modulofunctie en de grootste gemeenschappelijke deler. Als we het bij algoritmen hebben over getallen, dan hebben we het altijd over gehele getallen, bijvoorbeeld - 25, -3, 1, 0, 1, 16 en 28.

Priemgetal

Een priemgetal is een geheel getal dat door exact twee gehele getallen deelbaar is, namelijk het getal 1 en zichzelf. 13 is een priemgetal, want 13 kan je alleen delen door 1 en 13. 1 x 13 = 13. 12 is geen priemgetal, want 12 kan je ook delen door 2, 3, 4 en 6. Deze vier getallen noem je de delers van 12.

Daarnaast kan je 12 delen in priemfactoren. Je deelt het getal dan op in allemaal priemgetallen, die de priemfactoren heten. Het getal 12 kunnen we splitsen in de delers 6 en 2. 12 = 6 x 2. 2 is al een priemgetal, maar 6 kunnen we nog verder delen. 6 = 3 x 2. 3 en 2 zijn allebei priemgetallen. Dus 12 = 3 x 2 x 2. In dit voorbeeld zijn de getallen 2 en 3 de priemfactoren van 12. Priemgetallen kan je niet opdelen in priemfactoren, omdat een priemgetal deelbaar is door 1 en zichzelf. Het is dus al zijn eigen priemfactor. 1 is geen priemgetal. Dit komt omdat 1 de enige deler is van 1 en een priemgetal moet altijd door exact twee gehele getallen deelbaar zijn.

Modulo

De modulo functie haalt van een bepaald getal zo vaak mogelijk een ander getal af. Dit noteer je in een algemene formule als a mod(b). Hierbij wordt b zo vaak mogelijk van a afgehaald, totdat je als antwoord een getal hebt die tussen 0 en b zit. De uitkomst van een modulo functie is altijd positief. Neem je bijvoorbeeld a = 15 en b = 2, dan krijg je 15 mod(2) = 13 mod(2) = 11 mod(2) = 9 mod(2) = 7 mod(2) = 5 mod(2) = 3 mod(2) = 1 mod(2) = 1. Dus 15 mod (2) = 1. 1 mod(2) is niet gelijk aan −1, omdat -1 niet tussen 0 en 2 inzit en ook niet positief is. In een ander voorbeeld nemen we a = 1374 en b = 10. Dan krijg je 1374 mod(10) = **4**.

De modulo functie werkt ook als a negatief is. Dan wordt een bepaald getal (dit is b) zo vaak bij een ander getal (dit is a) opgeteld, totdat je een positief antwoord krijgt dat tussen 0 en b zit. Een voorbeeld hiervan zie je hier met a = -14 en b = 9: -14 mod(9) = -5 mod(9) = 4 mod(9). Dus -14 mod(9) = 4.

Grootste gemeenschappelijke deler

Zoals we zojuist beschreven hebben kun je elk getal opdelen in priemfactoren. De grootste gemeenschappelijke deler zoekt naar de grootste deler die twee getallen hebben. Wiskundig noteer je dat als volgt: GGD(a,b) = c. Hierbij zijn a en b de getallen waarvan de grootst gemeenschappelijke deler moet worden gevonden. c is de grootste gemeenschappelijke deler van de getallen a en b.

Laten we naar een voorbeeld kijken. We kiezen a = 12 en b = 30. We zoeken het antwoord op GGD(12,30). Dan delen we beide getallen op in priemfactoren. Dus 12 = 2 x 2 x 3 en 30 = 2 x 3 x 5. Dan kijken we welke priemfactoren er overeenkomen tussen 12 en 30. Dit zijn de getallen 2 en 3. Vervolgens vermenigvuldigen we 2 met 3. 2 x 3 = 6. Dit is de grootste gemeenschappelijke deler van 12 en 30. Dus GGD(12, 30) = 6

Als a en b helemaal geen overeenkomende priemfactoren hebben is de grootste gemeenschappelijke deler 1.

Binair

Klassieke computers rekenen alleen maar met de getallen 1 en 0. In het dagelijks leven gebruiken we het decimale telsysteem, wat bestaat uit de getallen 0 tot en met 9. In ons decimale telsysteem gebruiken we ook getallen waar alleen enen en nullen in voorkomen. Dit zijn van laag naar hoog bijvoorbeeld de getallen 0 1 10 11 100 101 110 111. Deze worden in het binaire systeem zo gebruikt dat 0 voor 0 staat, 1 = 1, 10 = 2, 11 = 3 en 100 = 4 enzovoort.

Het tellen in het binaire systeem werkt hetzelfde als in het decimale telsysteem. In het binaire systeem is een som bijvoorbeeld: 1 + 10 + 100 = 111. Dit is dan bij het decimale telsysteem: 1 + 2 + 4 = 7. Dit klopt, want 111 in het binair betekent 7.

Uitleg schema's algoritmen

Algoritmen bestaan uit reeksen bewerkingen op qubits door middel van poorten. Om algoritmen uit te leggen is het handig om te de bewerkingen die gedaan worden te visualiseren. Dit wordt vaak gedaan door qubits te tekenen als een lijn. Hierop zetten we dan de verschillende poorten die in die volgorde worden uitgevoerd. Hieronder zier je dus een qubit die begint in de staat |0⟩. Op de lijn kunnen poorten worden geplaatst.

|0⟩ ─────────────────

Hieronder staat een tabel met de verschillende poorten en andere bewerkingen of metingen en hoe deze worden weergegeven.

Visuele representatie	Betekenis	Uitleg
H	H-poort	Er wordt een H-poort toegepast op de qubit.
X / ⊕	X-poort NOT-poort	Er wordt een X-poort toegepast op de qubit.
Y	Y-poort	Er wordt een Y-poort toegepast op de qubit.
Z	Z-poort	Er wordt een Z-poort toegepast op de qubit.
T	T-poort	Er wordt een T-poort toegepast op de qubit.
S	S-poort	Er wordt een S-poort toegepast op de qubit.
●│	Control	Als deze qubit de staat |1⟩ heeft, wordt de poort die hierop aangesloten zit uitgevoerd, anders niet.
○│	Anti-control	Als deze qubit de staat |0⟩ heeft, wordt de poort die hierop aangesloten zit uitgevoerd, anders niet.
(Bloch-bol)	Bloch-bol	Afbeelding van de stand van de qubit op de Bloch-bol
−50.0%−	Kansblok	Geeft de kans dat een qubit bij meting op |1⟩ staat.

83

	Kansbalk	Geeft de kans op alle mogelijkheden van de toestanden van meerdere qubits weer als deze gemeten worden. Bij twee qubits is dit de kans op $|00\rangle$, $|01\rangle$, $|10\rangle$, $|11\rangle$. De qubits worden van onderen afgelezen. De kans op 10 $|10\rangle$ is dus de kans dat de laatste qubit op $|1\rangle$ staan en de eerste op $|0\rangle$.
	Meting	De waarde van de qubit wordt gemeten. Eventuele superpositie vervalt nu.
	Amplitudentabel	In deze amplitudetabel staan de kansen op de verschillende toestanden. Van links naar rechts, van boven naar benden zijn dit $|00\rangle$, $|01\rangle$, $|10\rangle$, $|11\rangle$. Het donkerblauwe gedeelte geeft de kans op die toestand weer. Het streepje in de cirkel geeft de fase verschuiving aan. Een streepje naar rechts is staat $|+\rangle$ en heeft fase 0°. Een streepje naar boven is staat $|i\rangle$ en heeft fase 90°. Elke kwartslag tegen de klok in vindt plaats na toepassing van een S-poort.

Hieronder volgen een aantal voorbeelden die de tekens uit de tabel duidelijk moeten maken.

Quirk: Quantum Circuit Simulator, z.d.

We beginnen hier met een qubit die in staat $|0\rangle$ is. Dit kunnen we ook zien aan de hand van de Bloch-bol, omdat deze omhoog wijst. Op deze qubit wordt een H-poort toegepast. Hierdoor komt de qubit in de $|+\rangle$ staat. Dit zien we in de Bloch-bol waarbij de pijl naar voren staat. Hierna wordt een S-poort op de qubit toegepast. Aan het eind zien we dat de kans op $|1\rangle$ bij deze qubit nu 50% is. Dit komt omdat de pijl halverwege de Bloch-bol zit. Ook zien we aan de laatste Bloch-bol dat de qubit in toestand $|i\rangle$ is.

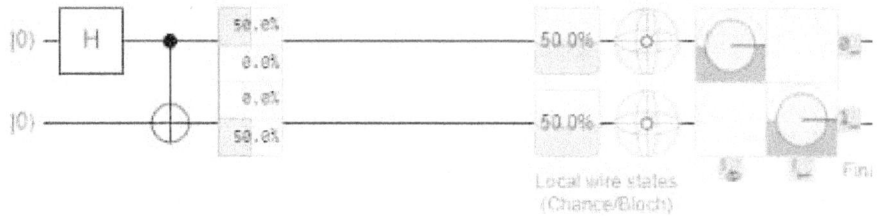

Quirk: Quantum Circuit Simulator, z.d.

In dit tweede voorbeeld kijken we naar de verstrengeling van twee qubits en het gebruik van de CNOT-poort. We beginnen met twee qubits die beiden in staat |0⟩ zijn. Op de eerste qubit wordt een H-poort uitgevoerd. Hierdoor komt hij in superpositie, namelijk in staat |+⟩. Vervolgens zien we op de eerste qubit een zwarte stip. Dit is een control. Op de tweede qubit zien we een X-poort. De control en de X-poort zijn met elkaar verbonden. Dit betekent dat er sprake is van een CNOT-poort. De eerste qubit is nu de controlequbit en de tweede qubit de doelqubit. De eerste qubit is in superpositie en heeft 50% kans op |0⟩ en 50% kans |1⟩. Als de controlequbit |0⟩ wordt, blijft de doelqubit |0⟩. Als de 1^e qubit |1⟩ wordt, wordt de tweede qubit ook |1⟩. Deze twee qubits zijn nu verstrengeld, omdat de toestand van de ene qubit afhangt van de toestand van de andere qubit.

Vervolgens zien we in de kansbalk de kansen op de mogelijkheden |00⟩, |01⟩, |10⟩ en |11⟩. De kans op |00⟩ en |11⟩ is in deze kansbalk allebei 50%. Beide qubits kunnen bij deze verstrengeling alleen dezelfde waarde hebben. In het kansblok zien we dat de kans op |1⟩ bij beide qubits 50% is. Het is nu niet meer mogelijk om de qubits in een losse Bloch-bol te visualiseren, omdat de ene toestand afhangt van de andere toestand. Daarom maken we gebruik van een amplitudetabel. We kunnen aan de hand van de donderblauwe vakjes zien dat de kans op |00⟩ en |11⟩ 50% is en dat de kans op |01⟩ en |10⟩ 0% is. De fase van deze beide uitkomsten zijn 0.

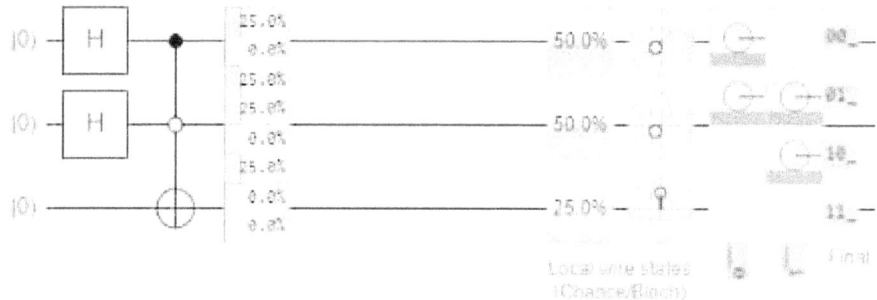

Quirk: Quantum Circuit Simulator, z.d.

In dit voorbeeld leggen we uit wat een anti-control is en hoe dit werkt. Hier worden eerst twee qubits in superpositie gebracht door middel van een H-poort. Vervolgens wordt er een CACNOT-poort toegepast. Deze poort is opgebouwd uit een control, de zwarte stip op de lijn van de eerste qubit, een anti-control, de witte stip bij de tweede qubit, en een NOT-poort of een X-poort bij de derde qubit. Als een anti-control, die ook de controlequbit is, in staat |0⟩ is, wordt er een poort toegepast op de doelqubit. In ons voorbeeld is dit een X-poort, maar dit kan elke poort zijn. Als een anti-control in staat |1⟩ is, gebeurd er niets met de doelqubit. In de afbeelding zie je dat er een X-poort wordt toegepast op de derde qubit, als de eerste qubit in staat |1⟩ is en de tweede qubit in staat |0⟩.

Zoals gezegd zijn de eerste twee qubits in superpositie. De kans dat de eerste qubit in staat |1⟩ is, is 50%. De kans dat de tweede qubit in staat |0⟩ is, is ook 50%. De kans dat er een X-poort wordt uitgevoerd op de derde qubit en deze in staat |1⟩ komt is nu 25% (50% x 50% = 25%). In de kansbalk en de amplitudetabel zie je dat de kans op |000⟩, |010⟩, |011⟩ en |101⟩ allemaal 25% is. Een code lees je in de amplitudetabel als volgt: Het begin van de code staat aan de rechterkant en het eind van de code staat aan de onderkant. Andere mogelijkheden bestaan niet, zoals bijvoorbeeld |110⟩. Bij het lezen van de code, moet je van onder naar boven kijken. De staat |110⟩ ontstaat als de eerste qubit in staat |0⟩ is en de tweede en derde qubit in staat |1⟩ zijn. Als de eerste qubit staat |0⟩ is, en de tweede qubit staat |1⟩, zou er geen CACNOT-poort worden uitgevoerd op de derde qubit. De derde qubit kan in dit geval niet in staat |1⟩ komen, dus is deze uitkomst niet mogelijk. De lichtblauwe cirkels in de amplitudetabel zijn hier wat kleiner, maar dat is voor ons niet van belang.

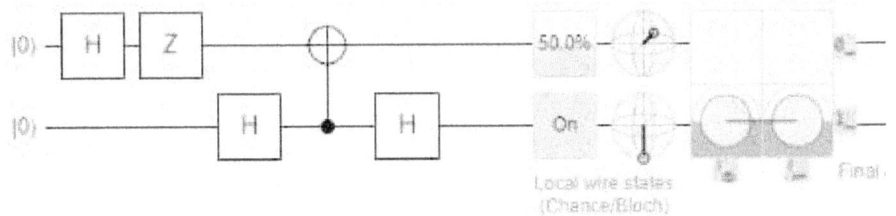

Quirk: Quantum Circuit Simulator, z.d.

Laten we als laatste kijken hoe fase terugslag wordt gevisualiseerd. De eerste qubit wordt in de staat |-⟩ gebracht door middel van een H-poort en een Z-poort. De tweede qubit wordt in de staat |+⟩ gebracht door middel van een H-poort. We zien dat we nu een CNOT-poort wordt toegepast. De eerste qubit is de doelqubit, en de tweede qubit is de controlequbit. De doelqubit is nu in staat |-⟩, daarom vindt er fase terugslag plaats. Hierdoor verandert de staat van de controlequbit, de tweede qubit, naar |-⟩. Als hij nu door een H-poort uit superpositie wordt gehaald komt hij in staat |1⟩. In de kansblokken zie je dat de eerste qubit in superpositie is en 50% kans op staat |1⟩ heeft. De tweede qubit is in staat |1⟩.

In de amplitudetabel zie je het streepje in het vakje rechts onderin, |11⟩ naar links wijzen. Dit betekent dat er een relatieve fase van 180° is. Dit komt omdat de qubit in de |-⟩ staat al een relatieve fase had van 180° en deze behoudt hij. In het vak links onderin, |01⟩, zie je dat er een relatieve fase van 0° is. Dit komt, zoals je gelezen hebt bij de Z-poort, omdat de relatieve fase geen invloed heeft op staat |0⟩.

Overzicht quantumalgoritmen

Er zijn veel algoritmen die gebruikt worden in een quantumcomputer. Hieronder worden zes algoritmen uitgelegd. De eerste twee algoritmes zijn het Bernstein-Vazirani algoritme en het Archimedes algoritme. Deze zijn vooral bedoeld als achtergrond voor Grover's algoritme. Je krijgt hierbij wat te horen over superpositie en verstrengeling in de algoritmen. Grover's algoritme is bedoeld om snel te kunnen zoeken. Het idee van een qubit als golf wordt hierbij gebruikt. Het Deutsch-Jozsa algoritme is bedoeld om te kijken of een functie constant of gebalanceerd is. Wat dit precies inhoudt leggen we daar uit. Euclid's algoritme is al een klassiek algoritme. Dit algoritme is een onderdeel van Shor's algoritme. Shor's algoritme wordt als klassiek wordt behandeld. Dit betekent dat er met gewone getallen wordt gerekend. Op het eind zal vermeld worden welke variabele in superpositie was. Shor's algoritme is bedoeld om bedoeld om priemgetallen te ontbinden, en kan worden gebruikt om versleutelde berichten te ontcijferen.

Bernstein–Vazirani algoritme

Het Bernstein-Vazirani algoritme is bedoeld om een binaire code te kraken. We leggen dit algoritme uit, zodat het begrijpelijk wordt hoe een orakel werkt. Dit is nodig om het Grover's algoritme te begrijpen. De binaire code die we gaan raden bestaat in dit voorbeeld uit drie keer een één of nul. Voor het begrijpen van een orakel kijken we eerst naar qubits die alleen in de |0⟩ staat of |1⟩ staat zijn.

Laten we kijken naar de afbeelding hiernaast. De zwarte bolletjes staan voor qubits die in staat |1⟩ zijn en de witte bolletjes staan voor qubits die in staat |0⟩ zijn. In de bovenste drie invoerpoorten voeren we de code in waarvan wij denkt dat hij goed is. Dit noemen we de gok die we maken. De qubits die we hier invullen, noemen we de invoerqubits. De onderste qubit, die we altijd in staat |1⟩ invoeren, helpen ons om de binaire code te kraken. Deze qubit noemen we de antwoordqubit. In deze afbeelding wordt de binaire code |101⟩ als gok ingevoerd en als antwoordqubit de binaire code |1⟩. Als we qubits aflezen doen we dit altijd van onderaf. In dit voorbeeld is de totale invoer dus |1101⟩. Als we qubits benoemen, dan doen we dit van bovenaf. De eerste qubit is dus |1⟩, de tweede qubit is |0⟩ en de derde en vierde qubit zijn allebei ook |1⟩. De donkerblauwe streepjes in de afbeelding maken duidelijk dat op die plaats in de juiste binaire code een |1⟩ hoort te zitten. De juiste code is hierbij dus |110⟩. De juiste code is eigenlijk een reeks van drie qubits, waarvan de eerste qubit in staat |0⟩ is en de tweede en derde qubit in staat |1⟩ zijn.

CS 22880, z.d.

In het orakel zit eigenlijk de binaire code die we moeten raden verstopt. In het orakel zijn een deel van de invoerplaatsen verbonden met de antwoordqubit door middel van een CNOT-poort. Als er een |1⟩ in de binaire code moet zitten, dan is de invoer van die plaats verbonden met de antwoordqubit door middel van een CNOT-poort. Hierbij werkt de invoerqubit als controlequbit en de antwoordqubit als doelqubit. Als in de binaire code een |0⟩ moet zitten, is de invoer niet verbonden met de antwoordqubit. Nadat een dit orakel is toegepast zijn de invoerqubits exact hetzelfde. Aan de hand van een verandering van de antwoordqubit moeten we kijken of de gok goed was. In het echt is het niet bekend wat de juiste code is, en we moeten achterhalen wat deze code is. Dit doen we door uit te zoeken welke invoerqubits zijn verbonden met de antwoordqubit.

We kijken hoe deze CNOT-poort verwerkt is in het orakel van ons voorbeeld. De juiste binaire code is |110⟩. Dit betekent dat de tweede en derde invoer zijn verbonden met de antwoordqubit door middel van een CNOT-poort. De eerste invoer is niet verbonden met de antwoordqubit.

Wat gebeurt er als we een code gaan proberen te raden? In het voorbeeld wordt de code |101⟩ gegokt. Laten we per invoer kijken wat er gebeurt. Bij de eerste invoer wordt een |1⟩ ingevuld. Dit had een |0⟩ moeten zijn. Deze invoer is dus niet verbonden met de antwoordqubit. De eerste invoerqubit blijft |1⟩, en de antwoordqubit is nog steeds |1⟩.

Bij de tweede invoer wordt een |0⟩ ingevuld. De juiste binaire code bevat op die plaats een |1⟩, en is dus verbonden met de antwoordqubit door middel van een CNOT-poort. De tweede invoer is nu de controlequbit en de antwoordqubit is de doelqubit. Zoals we gezegd hebben bij de uitleg van een CNOT-poort verandert de doelqubit als de controlequbit een |1⟩ is en blijft de doelqubit gelijk als de controlequbit een |0⟩ is. In dit geval is de controlequbit, de tweede invoer, een |0⟩. Er verandert dus niets aan de antwoordqubit en deze blijft een |1⟩.

Laten we ten slotte kijken naar de derde invoerqubit. Er wordt een |1⟩ ingevoerd en de binaire code heeft ook een |1⟩ op die plek. Omdat de invoer is verbonden met een CNOT-poort met de antwoordqubit, verandert de antwoordqubit nu wel. De controlequbit, de derde invoer, is nu een |1⟩, waardoor er een X-poort uitgevoerd wordt op de antwoordqubit. Dit zorgt ervoor dat de antwoordqubit van |1⟩ naar |0⟩ verandert. De antwoordqubit komt er dus als |0⟩ uit.

Aan de hand van de antwoordqubit moet uitgezocht worden welke invoerqubits met de antwoordqubit zijn verbonden door middel van een CNOT-poort. Met andere woorden, we moeten uitzoeken waar een |1⟩ moet staan in de binaire code. Op de plaatsen die niet verbonden zijn met de antwoordqubit door middel van een CNOT-poort moet dus een |0⟩ staan.

Om op deze manier de juiste code te vinden moeten we drie keer gokken. We gaat onderzoeken bij welke invoerqubit de antwoordqubit veranderen. Hiervoor vullen we de binaire codes |100⟩, |010⟩ en |001⟩ in. In ons voorbeeld zal de antwoordqubit een |1⟩ blijven bij |100⟩ en een |0⟩ worden bij |100⟩ en |010⟩. Als er een |1⟩ wordt ingevoerd en die zit ook in de binaire code die we moeten raden, dan wordt de antwoordqubit een |0⟩. Als er een |0⟩ wordt ingevoerd, blijft de antwoordqubit |1⟩. Aan de hand van deze drie gokken kan de binaire code die we moeten raden worden vastgesteld. De juiste binaire code is dus |110⟩.

Als een binaire code van 100 enen en nullen lang moet worden geraden, zijn er 100 invoerqubits nodig. Om de juiste code te raden moeten we dus ook 100 keer gokken. Dit is enorm vaak, maar gelukkig kunnen we gebruik maken van de superpositie van qubits om de code in één keer te raden.

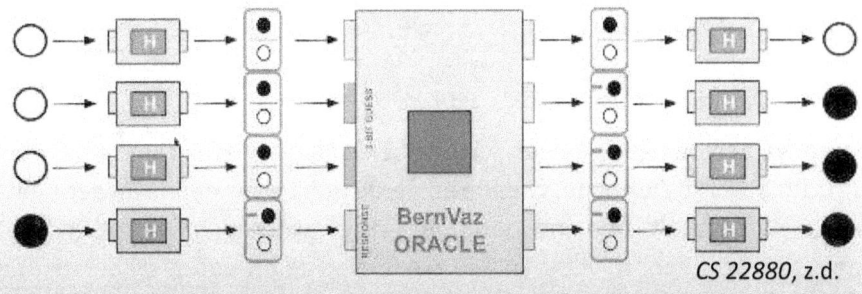

CS 22880, z.d.

Hiervoor gebruiken we het volgende voorbeeld. Het orakel is precies hetzelfde als bij het vorige voorbeeld. Het enige verschil is dat we de invoerqubits en de antwoordqubit in een bepaalde superpositie brengen. In het orakel zijn dus weer verschillende invoeren verbonden met de antwoordqubit door middel van een CNOT-poort, zoals we zojuist hebben uitgelegd. Dit is het geval bij de tweede en derde invoer. We gaan ervoor zorgen dat er nu fase terugslag gaat plaatsvinden. Zoals we dat uitgelegd hebben, wordt er, na het toepassen van een CNOT-poort, een Z-poort toegepast op de controlequbit als de doelqubit in de |-⟩ staat is.

Zoals je in de afbeelding kan zien, zorgen we ervoor dat de antwoordqubit als |-⟩ wordt ingevoerd. Op de antwoordqubit, die in staat |1⟩ is, wordt een H-poort toegepast. Hierdoor komt hij in de |-⟩ staat. Dit zorgt ervoor dat er fase terugslag mogelijk is bij alle invoerqubits die verbonden zijn met de antwoordqubit. De invoerqubits worden nu vanuit staat |0⟩ in superpositie gebracht. Dit is staat |+⟩. Bij de invoerqubits die verbonden zijn met de antwoordqubit door middel van een CNOT-poort, vindt fase terugslag plaats. Dit betekent dat in ons voorbeeld de eerste invoer |+⟩ blijft en de tweede en derde invoer |-⟩ worden. Nadat we op al onze invoerqubits en antwoordqubit een H-poort toepassen, zien we wat de juiste code moet zijn. De H-poort zorgt er namelijk voor dat |-⟩ verandert in |1⟩ en |+⟩ verandert in |0⟩. De juiste code is dus 110. Op deze manier kan in één keer de juiste code geraden worden.

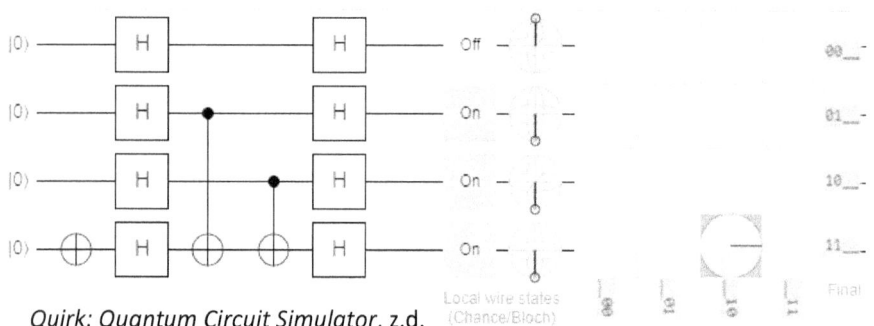

Quirk: Quantum Circuit Simulator, z.d.

Laten we aan de hand van een schema bekijken hoe het Bernstein-Vazirani algoritme werkt. De eerste, tweede en derde qubit zijn weer de invoerqubits en de vierde qubit is de antwoordqubit. De antwoordqubit wordt in de |-⟩ staat gebracht door middel van een X-poort en een H-poort. De eerste drie qubits worden allemaal in superpositie, in de |+⟩ staat, gebracht door een H-poort. We zien dat de tweede en derde qubit verbonden zijn met de antwoordqubit door middel van een CNOT-poort. Er vindt nu fase terugslag plaats op de tweede en de derde qubit. Er wordt dus een Z-poort toegepast op deze qubits. Hierdoor komen ze beiden in de |-⟩ staat. Nadat er op alle qubits een H-poort toegepast wordt, kan je zien wat de juiste code is. Dat is in dit geval |110⟩, want de derde en de tweede qubit zijn in toestand |1⟩ en de eerste qubit is in toestand |0⟩.

Archimedes' algoritme

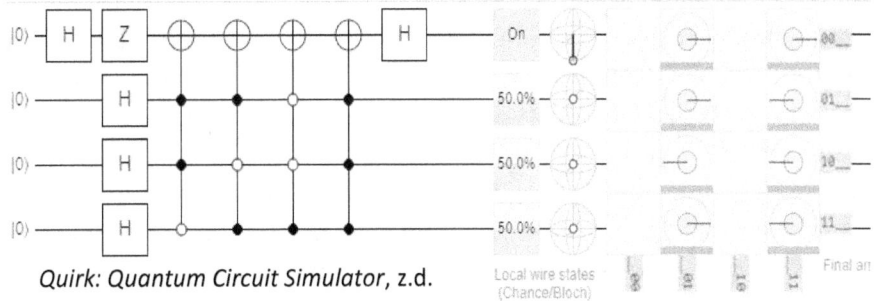

Quirk: Quantum Circuit Simulator, z.d.

Archimedes' algoritme is een bijzondere en aangepaste vorm van het Bernstein-Vazirani algoritme. Bij Archimedes' algoritme moet ook een code geraden worden die bestaat uit drie enen of nullen. Daarnaast is er ook een antwoordqubit die nodig is om fase terugslag te creëren. We gebruiken het voorbeeld hierboven voor de uitleg van Archimedes' algoritme. De eerste qubit is de antwoordqubit. De tweede, derde en vierde qubit zijn de invoerqubits waaruit de code bestaat. De invoerqubits worden allemaal in superpositie, de |+⟩ staat, gebracht. De antwoordqubit wordt door middel van een H-poort en een Z-poort in de staat |-⟩ gebracht. Dit algoritme is erg moeilijk te begrijpen, daarom gaan we het enigszins klassiek aanvliegen.

De superpositie van deze drie invoerqubits moet je als volgt jezelf voorstellen: Door superpositie worden in één keer, alle codes tegelijk ingevoerd. Dit komt omdat combinaties mogelijk zijn. Elke invoerqubit kan namelijk vervallen tot de staat |0⟩ of de staat |1⟩. Dit zijn twee mogelijkheden per qubit. Het aantal mogelijke codes van de onderste drie qubits is dus: 2 x 2 x 2 = 8. De eerste qubit kan ook vervallen tot twee mogelijkheden. Daarom zijn er totaal zestien mogelijke combinaties met deze vier qubits.

In het orakel zitten, in tegenstelling tot het Bernstein-Vazirani algoritme, vier codes tegelijk verborgen. Deze vier juiste codes gaan we proberen te achterhalen. Laten we naar een voorbeeld kijken. Zoals je in de afbeelding kan zien, van onder naar boven lezend, staat er een uitgebreide CNOT-poort. In dit geval is het een ACCCNOT-poort. Dit is de eerste van de vier poorten. We zien namelijk een anti-control, twee keer een control, en vervolgens een X-poort, oftewel een NOT-poort. In dit orakel zijn alle invoerqubits dus verbonden met de antwoordqubit. De eerste juiste code is nu: |011⟩. De anti-controls stellen |0⟩ voor en de controls |1⟩.

We gaan kijken wat er gebeurt als we de ACCCNOT-poort toepassen op de volgende qubits. De antwoordqubit is in staat |-⟩ en zorgt voor fase terugslag. De tweede en derde qubit zijn in staat |1⟩. De vierde qubit is in staat |0⟩. Nu wordt er voldaan aan de ACCCNOT-poort, want dit is de juiste code. Omdat de antwoordqubit, de doelqubit, in staat |-⟩ is, vindt er fase terugslag plaats. Dit betekent dat er een Z-poort wordt toegepast op de controlequbit. Er zijn nu drie controlequbits, dus er wordt een Z-poort toegepast op de combinatie van deze controlequbit. Deze qubits kan je niet meer afzonderlijk zien, en moet je bij elkaar beschouwen. Ze zijn dus verstrengeld. Daarom wordt er op de verstrengeling van deze qubits een Z-poort toegepast.

Zoals we al zeiden, worden, door middel van superpositie, alle codes tegelijk ingevoerd. Alle mogelijkheden zijn een verstrengeling van vier qubits. Acht van de zestien codes zijn juist. Hierbij tellen we de mogelijkheden van de antwoordqubit ook mee. Dus acht codes voldoen aan de poort en krijgen een Z-poort toegepast. Van de zestien codes hebben dus acht codes een fase van 0° en acht codes een fase van 180°.

Hoe weten we welke codes een fase hebben van 180°? Dit zien we in de amplitudetabel. Ten eerste zien we daar dat er maar acht mogelijke uitkomsten zijn. Dit komt door de antwoordqubit. Door deze antwoordqubit, de doelqubit, heeft fase terugslag plaatsgevonden. De doelqubit verandert hierbij niet. De antwoordqubit wordt aan het eind door middel van een H-poort naar de |1⟩ staat gebracht. Deze antwoordqubit is dus in de staat |1⟩. Daarom kan de code nooit op die plaats een |0⟩ hebben en vallen acht mogelijkheden af. De code kan dus nooit eindigen op |0⟩, maar eindigt altijd op |1⟩. Een code lees je in de amplitudetabel als volgt: Het begin van de code staat aan de rechterkant en het eind van de code staat aan de onderkant. Het tweede vakje van de eerste rij is dus de code |0001⟩. Zoals je kan zien staan bij de codes |0101⟩, |1001⟩, |1011⟩, |1111⟩ het streepje naar links. Dit betekent dat deze codes een fase van 180° hebben. Dit zijn dus de juiste codes. De |1⟩ op het eind van elke juiste code komt hierbij van de antwoordqubit. De kans op alle mogelijkheden is ook uit de amplitudetabel te halen, maar is bij dit algoritme niet van belang.

We voeren dus vier qubits in. Hiervan zijn drie qubits in superpositie, in de |+⟩ staat, en één qubit is als antwoordqubit in de |-⟩ staat. Doordat er bij acht van de zestien mogelijkheden fase terugslag plaatsvindt, kunnen we weten welke codes juist zijn. Dit halen we uit de amplitudetabel.

Dit algoritme kan worden uitgebreid naar meer qubits. Hier wordt altijd een macht van twee voor gebruikt. Als er dus 2^n totale codes zijn, dan zijn er n qubits waarmee geraden wordt. De helft van de codes is juist. Dat is dus ½ x 2^n, dit is hetzelfde als 2^{n-1}. In ons voorbeeld gold n=3, hierdoor waren er 2^3 = 8 codes totaal waarvan er 2^2 = 4 juist waren.

Grover's algoritme

Grover's algoritme is bedoeld om sneller te kunnen zoeken. Bij een normaal zoekalgoritme is het verband tussen de snelheid en het aantal te doorzoeken opties lineair. Bij het zoeken uit tien getallen zal het gemiddeld vijf keer duren, als we zoeken uit 100 getallen zal het gemiddeld 50 stappen duren. Bij Grover's algoritme is het verband tussen de zoektijd en de wortel van het aantal opties lineair. Als het aantal opties met een factor toeneemt, neemt de zoektijd met de wortel van die factor toe. Het algoritme is dus in verhouding veel sneller als je moet zoeken met meer getallen.

Grover's algoritme kan in een grote database één of meerdere woorden zoeken. Alle woorden zijn in computers opgeslagen als rijen enen en nullen. Grover's algoritme zoekt dus naar een specifieke volgorde van enen en nullen. In dit voorbeeld gaan we zoeken naar het getal 13, dat binair is genoteerd als 1101. Stel dat we dit zoeken in deze lijst getallen: 1100**1101**10. De mogelijke combinaties van vier qubits zijn dus |1100⟩, |1001⟩, |0011⟩, |0110⟩, |**1101**⟩, |1011⟩ en |0110⟩. Grover's algoritme zoekt niet in de combinaties die mogelijk zijn in deze lijst, maar zoekt in alle combinaties die wiskundig gezien mogelijk zijn. In dit geval zoekt hij in alle mogelijkheden van vier cijfers. Hij zoekt dus nu tussen vijftien andere mogelijkheden naar |1101⟩.

Grover's algoritme bestaat uit twee belangrijke stappen. In de eerste stap zoekt het algoritme de juiste combinatie op en geeft deze combinatie een faseverschuiving. Dit hebben we ook gezien bij Archimedes' algoritme. In de tweede stap zorgt het algoritme dat de qubits de juiste combinatie gaan vormen. In ons voorbeeld zorgt het algoritme ervoor dat de qubits in een superpositie komen waarbij de kans om bij meting |1101⟩ te zijn groot wordt. Dit zal duidelijker worden als we bij die stap zijn.

Laten we beginnen met de eerste stap. We hebben een antwoordqubit die door middel van een H-poort en een Z-poort in de |-⟩ staat is gebracht. De vier invoerqubits worden in superpositie, in de |+⟩, staat gebracht. Op dit moment heeft elk van de zestien combinaties evenveel kans, namelijk 100%/16 = 6,25%. Er wordt nu een orakel toegepast. Het orakel bestaat hier uit een CCACCNOT-poort. Op de tweede, derde en vijfde qubit zit namelijk een controlen op de vierde qubit zit een anti-control. Op de eerste qubit zit een X-poort. Doordat de eerste qubit in staat |-⟩ is, vindt er fase terugslag plaats bij

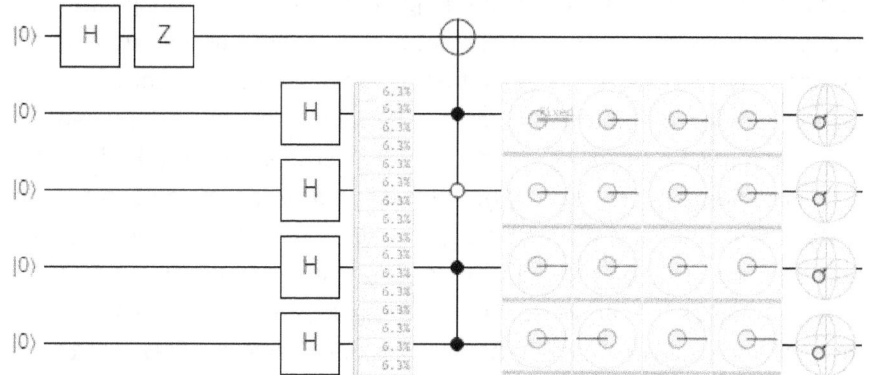

Quirk: Quantum Circuit Simulator, z.d.

de combinatie die hoort bij de CCACCNOT-poort. Er vindt dus fase terugslag plaats bij de combinatie |1101⟩ en op die combinatie wordt een Z-poort toegepast. Dat kunnen we zien in de amplitudetabel. Alle combinaties hebben een fase van 0°, behalve de combinatie |1101⟩. Deze heeft een fase van 180°. Op de Bloch-bollen zien we dat alle qubits nog steeds in staat |+⟩ zijn. De Z-poort heeft dus niets gedaan met de losse qubits, maar alleen wat met de

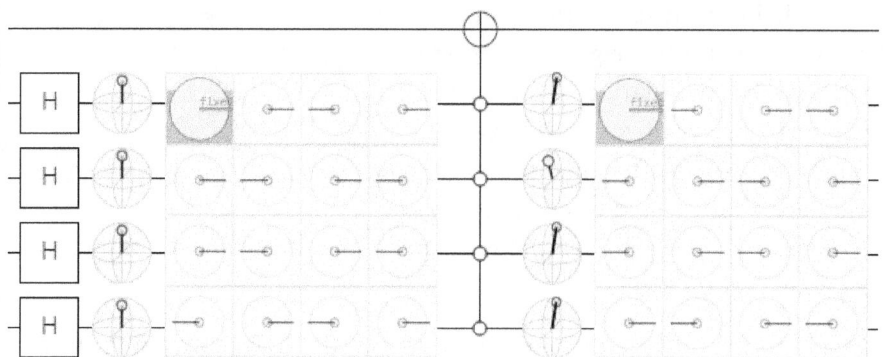

Quirk: Quantum Circuit Simulator, z.d.   combinatie |1101⟩.

Vervolgens gaan we naar de tweede stap van Grover's algoritme. Deze stap maakt gebruik van een diffuser. Dit zorgt ervoor dat de staat van de qubits wordt veranderd in de juiste combinatie. De diffuser zien we in de afbeelding hierboven. Een diffuser bestaat allereerst uit vier H-poorten. Hierdoor komen de vier qubits weer in toestand |0⟩. De combinatie |1101⟩ had een faseverschuiving van 180°. Deze combinatie wordt ook door vier H-poorten gehaald. Hierdoor wordt de faseverschuiving gesplitst over de vier qubits. De qubits in de combinatie die |1⟩ zijn, krijgen een faseverschuiving van 180°. De qubit in de combinatie die |0⟩ is, krijgt geen faseverschuiving. Dit betekent dat, nadat de vier H-poorten aan het begin van de diffuser zijn toegepast, de tweede, vierde en vijfde qubit een faseverschuiving van 180° krijgen. De derde qubit krijgt dit niet. Nu zijn de tweede, vierde en vijfde qubit in staat -|0⟩ en is de derde qubit in staat |0⟩. Normaal gesproken kan een qubit niet in de staat -|0⟩ zijn, want dit is bij een losse qubit hetzelfde als de staat |0⟩, maar omdat hier meerdere qubits met elkaar verstrengeld zijn, blijft de informatie over de fase bewaard. De verstrengeling zorgt er ook voor dat de lengte van de pijlen op de Bloch-bollen niets meer zeggen. Alleen de richting geeft nog informatie.

Laten we vervolgens kijken naar de eerste amplitudetabel van de diffuser. Hiernaast zie je die nogmaals weergegeven. Laten we de combinaties |0001⟩, |0010⟩, |0100⟩ en |1000⟩ vergelijken. We zien dat |0001⟩, |0100⟩ en |1000⟩ een fase van 0° hebben en dat |0010⟩ een fase van 180° heeft. Dit is eigenlijk verkeerd om. Dit komt doordat de fase gemeten wordt in vergelijking tot de fase van |0000⟩. |0000⟩ heeft een fase van 180°, maar wordt altijd weergegeven als 0°. Daarom is de fase van alle andere combinaties ook verkeerd om weergegeven.

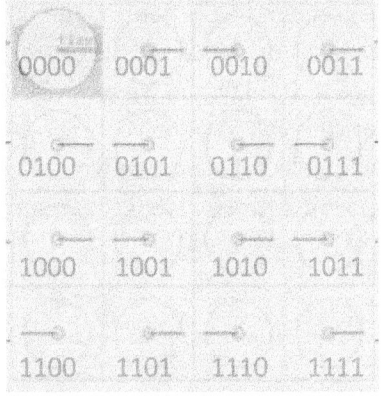

Quirk: Quantum Circuit Simulator, z.d.

Om dit op te lossen gebruiken we een ACACACACNOT-poort. Dit is dus een poort die bestaat uit alleen anti-controls. Deze poort zorgt voor twee dingen. Het eerste wat deze poort doet is het geven van een faseverschuiving aan alle combinaties, behalve |0000⟩. Hierdoor klopt de fase weer. De poort zorgt er ten tweede voor dat alle qubits een grotere hoek θ krijgen. θ is de hoek met de positieve Z-as. Dit betekent dat qubits die geen fase hebben in de richting van staat |+⟩ gaan en qubits die een fase van 180° hebben in de richting van staat |-⟩ gaan. Hierdoor ontstaat er dus een duidelijker verschil tussen de qubits die wel een fase van 180° hebben en de qubits die dat niet hebben. Bij de tweede, vierde en vijfde qubit is de pijl dus in de achterste helft van de Bloch-bol en bij de derde qubit is de pijl in de voorste helft van de Bloch-bol.

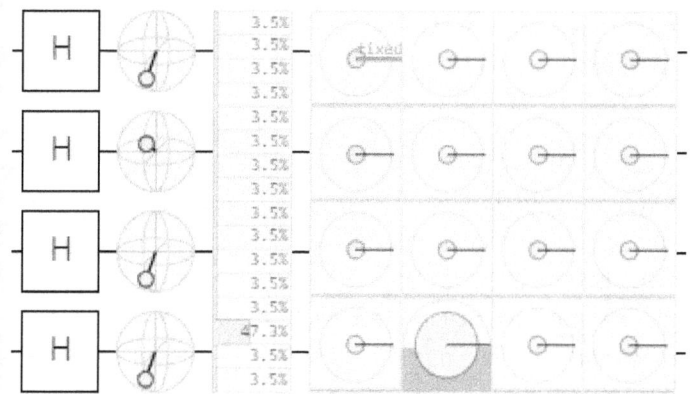

Quirk: Quantum Circuit Simulator, z.d.

In de laatste stap passen we nogmaals vier keer een H-poort toe. Hierdoor krijgt een deel van de qubits meer kans om |1⟩ te zijn, dan |0⟩ en andersom. Hierdoor krijgen de qubits dus de juiste combinatie. De pijl van de tweede, vierde en vijfde qubit zijn nu op de onderste helft van de Bloch-bol en deze qubits hebben meer kans om |1⟩ te zijn. De pijl van de derde qubit is nu op de bovenste helft van de Bloch-bol en hierdoor is de kans om |0⟩ te worden na een meting het grootst. We zien in de kansbalk dat de kans om de juiste combinatie te krijgen in de qubits nu erg groot is. De kans dat de combinatie |1101⟩ wordt gevormd door de qubits is door middel van Grover's algoritme erg groot gemaakt.

Door het orakel en de diffuser te herhalen wordt de kans op het juiste getal groter. Dit is optimaal bij de wortel van het aantal qubits. In ons geval hebben we vier qubits en is de kans op |1101⟩ na twee keer herhalen dus het grootst. In de kansbalk kunnen we zien dat de kans dat de qubits na verval in de juiste combinatie terechtkomen heel erg groot is.

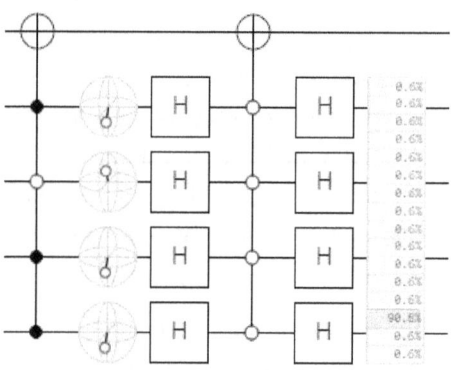

Quirk: Quantum Circuit Simulator, z.d.

Deutsch-Jozsa algoritme

Het Deutsch-Jozsa algoritme is een algoritme dat meet of een klassieke functie constant of gebalanceerd is. Constant wil zeggen dat er één mogelijke uitkomst is en gebalanceerd wil zeggen dat de uitkomst even vaak nul als een is.

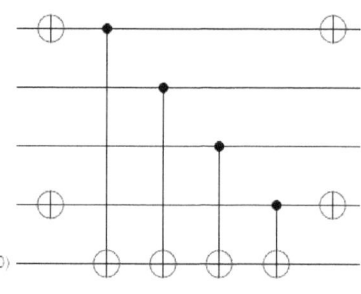

Quirk: Quantum Circuit Simulator, z.d.

Rechtsboven zie je een voorbeeld van een gebalanceerde functie. Het is een functie die als invoer vier qubits kan ontvangen. Je kunt dus de getallen 0000 tot 1111 invoeren. Het getal dat je invoert noemen we X. Laten we X = 1100 (12) kiezen. De eerste en tweede qubit zijn dus |0⟩ en de derde en vierde qubit |1⟩, omdat je qubits van onderaf telt. De vijfde qubit is standaard |0⟩. We beginnen dus met |01100⟩. In de eerste stap wordt er een X-poort uitgevoerd op de eerste en vierde qubit. |01100⟩ wordt dus |00101⟩. In de tweede stap wordt er een CNOT-poort toegepast op de eerste en vijfde qubit. Hierbij is de vijfde qubit de doelqubit. Het quantumsysteem was in de toestand |00101⟩ en wordt dus |10101⟩. Hierna komt weer een CNOT-poort: |10101⟩ blijft dus |10101⟩. Bij de derde CNOT-poort gebeurt wel weer iets: |10101⟩ wordt |00101⟩. Bij de vierde CNOT-poort gebeurt niets. In de laatste stap veranderen de eerste en vierde qubit weer. |00101⟩ wordt dan |01100⟩. De eerste vier qubits zijn voor de uitkomst van de functie niet van belang. De vijfde qubit is in de staat |0⟩. Dit betekent

x	f(x)
0000 (0)	0
0001 (1)	1
0010 (2)	1
0011 (3)	0
0100 (4)	1
0101 (5)	0
0110 (6)	0
0111 (7)	1
1000 (8)	1
1001 (9)	0
1010 (10)	0
1011 (11)	1
1100 (12)	0
1101 (13)	1
1110 (14)	1
1111 (15)	0

dat de uitkomst van de functie bij X = 12, 0 is. Dit noteren we zo: f(12) = 0. Hiernaast zie je een tabel met alle mogelijke uitkomsten van de functie. Uit de functie komt in acht gevallen 0 en uit acht gevallen 1. Dat betekent dat deze functie dus gebalanceerd is.

Hiernaast zie je een voorbeeld van een constante functie. Doordat de invoerqubits niet verbonden zijn met de vijfde qubit zal deze altijd 1 blijven. Er zal dus 16 keer 1 uitkomen en daarom is deze functie

De vraag is nu hoe je eenvoudig kunt bepalen of een functie constant of gebalanceerd is. Wij weten zelf dus niet hoe deze functie eruitziet. Wij weten van de functie wel uit welke poorten hij bestaat. In onze quantumcomputer kunnen we zelf beginwaarden kiezen en de functie hierop uitvoeren. In dit probleem is gegeven dat de functie gebalanceerd of constant is. Als je dus twee verschillende uitkomsten hebt, weet je dat hij gebalanceerd is. En als je meer dan de helft van de mogelijkheden

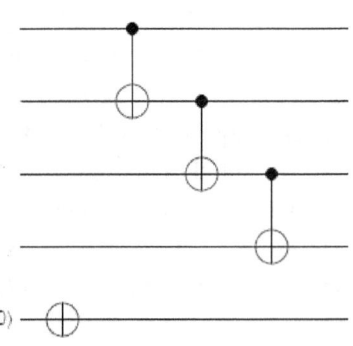

Quirk: Quantum Circuit Simulator, z.d.

voor X hebt geprobeerd en deze zijn allemaal hetzelfde dan weet je dat de functie constant is. In ons voorbeeld zijn er 16 mogelijkheden voor X. We moeten dus meer dan 16 / 2 = 8 keer proberen voor we zeker weten of de functie constant of gebalanceerd is. Voor elke qubit die daarbij komt wordt dat twee keer zoveel.

We kunnen elke klassieke functie zien als een circuit met CNOT-poorten en X-poorten. De Y-poorten, Z-poorten en H-poorten spelen geen rol, omdat een klassiek algoritme alleen uit nullen en enen bestaat en niets te maken heeft met superpositie of faseverschuiving. We gaan nu gebruik maken van superpositie en faseterugslag om erachter te komen of een functie constant of gebalanceerd is. Dit doen we als eerst aan de hand van de constante functie.

We beginnen met alles in superpositie te brengen en de laatste qubit wordt in staat |-⟩ gebracht. Daarna voeren we de functie uit. Als laatste passen we overal H-poorten op toe.

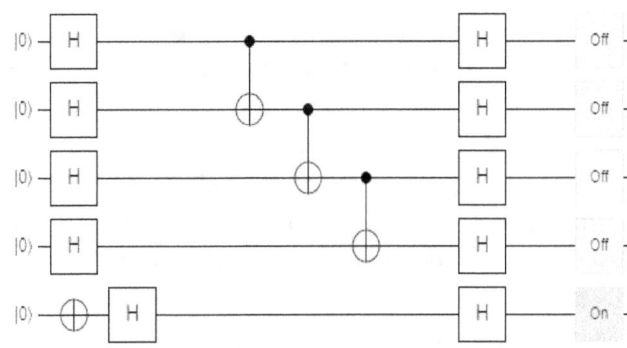

Quirk: Quantum Circuit Simulator, z.d.

Nadat de bovenste qubits in superpositie gebracht zijn, worden er X-poorten en CNOT-poorten op deze qubits toegepast. Er gebeurt niets als we op deze qubits een X-gate toepassen, omdat deze in de staat |+⟩ zijn. Als we op de bovenste qubits CNOT-poorten toepassen, gebeurt er dus ook niets, dit kunnen we afleiden uit de formule voor de X-poort, want α wordt β en β wordt α, maar α en β zijn aan elkaar gelijk, dus er verandert niets. Als overal weer H-poorten op worden toegepast, zijn automatisch de bovenste qubits |0⟩ en de onderste qubit |1⟩. De onderste qubit is |1⟩ omdat hier eerst een X-poort en daarna 2 H-poorten op werden toegepast. Een H-poort is zijn eigen inverse, dus dat betekend dat er op de laatste qubit alleen een X-poort is toegepast. De poorten die niet aan de laatste qubit verbonden zijn doen er dus niet toe.

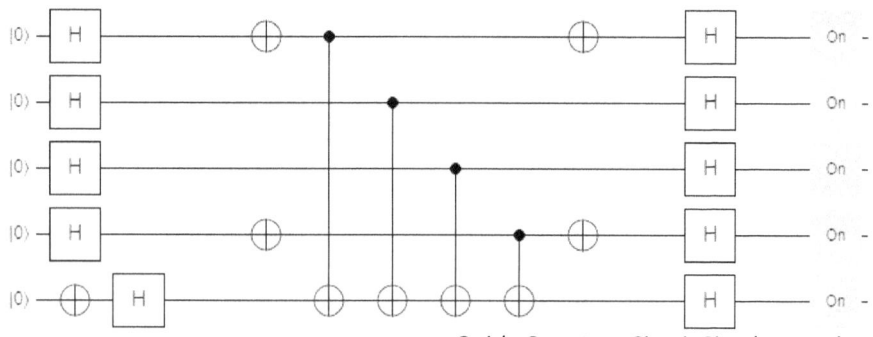

Quirk: Quantum Circuit Simulator, z.d.

Nu gaan we kijken wat er gebeurt als we een gebalanceerde functie kiezen. Als eerste stap worden alle qubits weer in superpositie gebracht. De laatste qubit wordt in de staat |-⟩ gebracht. We zien nu in totaal vier losse X-poorten staan. We hadden al geconcludeerd dat deze niets veranderden, dus deze kunnen we negeren. Vervolgens zien we vier CNOT-poorten die verbonden zijn aan de laatste qubit. Het gebruik van CNOT-poorten is de enige manier waarmee een klassieke functie de functiewaarde kan beïnvloeden. Doordat we de laatste qubit in de staat |-⟩ hebben gebracht is er nu sprake van fase terugslag. Op alle qubits die met behulp van CNOT-poorten aan de laatste qubit waren verbonden wordt nu een Z-poort toegepast. Dat betekent dat de bovenste qubits allemaal van |+⟩ naar |-⟩ veranderen. Als vervolgens overal H-poorten op toegepast worden zien we dat alles in toestand |1⟩ is. Hieraan kunnen we dus zien dat deze functie gebalanceerd is. Alle qubits zijn namelijk verbonden aan de laatste qubit met een CNOT-poort.

Als laatste voorbeeld kijken we nog naar een functie die wel gebalanceerd is maar niet van alle qubits afhankelijk. In dit geval is de laatste qubit niet afhankelijk van de derde en vierde qubit. Hierdoor komt

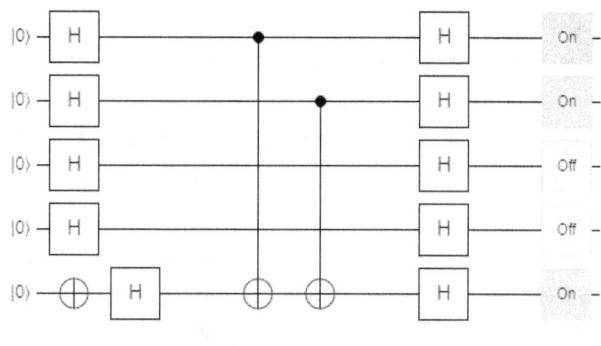

Quirk: Quantum Circuit Simulator, z.d.

het dat de derde en vierde qubits op het einde in de staat |0⟩ zijn. In dit geval geeft het resultaat dus aan van welke qubits de functie afhankelijk is.

Als de uitkomst dus |0000⟩ is, is de functie constant. Is de uitkomst |1111⟩ dan is de functie gebalanceerd en zijn alle qubits verbonden aan de laatste qubit.

Euclid's algoritme

Euclid's algoritme is bedoeld om de grootste gemeenschappelijke deler van twee getallen te vinden. Hiervoor gebruikt Euclid's algoritme de modulo functie. Laten we naar een voorbeeld kijken. We willen de grootste gemeenschappelijke deler van 135 en 87 vinden. Dan voeren we de modulo functie uit op deze getallen. In dit voorbeeld 135 mod(87) = 48. Vervolgens halen we zo vaak mogelijk 48 van 87 af. In formuletaal is dat: 87 mod(48) = 39. Zo gaan we verder tot we helemaal op 0 uitkomen. 48 mod(39) = 9. 39 mod(9) = 3. 9 mod(3) = 0. We komen nu op 0 uit. Het een-na-laatste getal is de grootste gemeenschappelijke deler van 135 en 87. In ons voorbeeld is dat 3. Dus GGD(135,87) = 3. Dit klopt want 135 = 3 x 3 x 3 x 5 en 87 = 3 x 29.

Laten we nog even naar een tweede voorbeeld kijken. We zoeken de grootste gemeenschappelijke deler van 2511 en 110. Dit rekent Euclid's algoritme in formuletaal als volgt uit: 2511 mod(110) = 91. 110 mod(91) = 19. 91 mod(19) = 15. 19 mod(15) = 4. 15 mod(4) = 3. 4 mod(3) = 1. 3 mod(1) = 0. De uitkomst van GGD(2511,110) = 1. Dit betekent dat deze twee getallen geen gemeenschappelijke deler hebben. Dit klopt ook, want 2511 = 3 x 3 x 3 x 3 x 31 en 110 = 2 x 5 x 11. Zoals je kan zien hebben deze twee getallen inderdaad geen gemeenschappelijke deler.

Dit algoritme hebben we uitgelegd, omdat hij aan het eind van Shor's algoritme wordt toegepast. Dit is een klassiek algoritme en werkt ook met bits. Aan het eind van Shor's algoritme wordt dit algoritme ook klassiek gebruikt.

Shor's algoritme

Als je een berichtje naar je vriend of vriendin stuurt, wil je natuurlijk niet dat iedereen dat berichtje kan zien. Daarom wordt dit berichtje versleuteld. Dit versleutelen gebeurt met heel veel bestanden. Veel bestanden worden versleuteld door middel van twee priemgetallen. Zoals we zeiden is een priemgetal een geheel getal dat door exact twee gehele getallen deelbaar is, namelijk het getal 1 en zichzelf. Als we deze twee priemgetallen met elkaar vermenigvuldigen krijgen we een ander getal. Dit getal is te vinden bij het bestand zelf en is openbaar voor iedereen. De verzender en de ontvanger van het bestand zijn de enige die het bestand kunnen ontcijferen. Zij hebben namelijk beiden één van de twee priemgetallen waarmee het bestand is versleuteld. De ontvanger kan nu het getal dat bij het bestand hoort delen door zijn priemgetal en hierdoor krijgt hij het andere priemgetal. Aan de hand van twee priemgetallen kan het document weer ontcijferd worden. Een buitenstaander weet dus wel het getal wat bij het bestand hoort, maar heeft niet één van de twee priemgetallen. Hij kan het bestand dus niet lezen.

Tegenwoordig worden vaak priemgetallen van meer dan 300 cijfers gebruikt. Hierdoor heeft het openbare getal minstens 600 cijfers. Voor een buitenstaander is het mogelijk om de priemgetallen te achterhalen. Daarvoor moet hij het openbare getal in priemfactoren ontbinden. Een klassieke computer heeft, vanwege de lengte van het openbare getal, vele jaren nodig om die priemfactoren te vinden. Shor's algoritme is ontworpen om snel met een quantumcomputer de priemfactoren te vinden. In deze uitleg wordt het principe van Shor's algoritme behandeld en niet precies de poorten die gebruikt worden.

Laten we Shor's algoritme uitleggen aan de hand van een voorbeeld. In dit voorbeeld willen we de priemfactoren vinden van het getal 35. Dit getal wat je wilt ontbinden noemen we vanaf nu GETAL. Vervolgens kies je een ander getal dat geen gemeenschappelijke delers heeft met het GETAL. Het beste is als dit getal zo laag mogelijk is. Dit andere getal noemen we KEUZE. In dit voorbeeld kiezen we 2 als KEUZE. 2 heeft geen gemeenschappelijke delers met 35 en is een laag getal.

Nu maken we een lange lijst van positieve getallen en 0. Deze getallen noemen we X. We krijgen dus: {0, 1, 2, 3, 4, 5, 6, 7, 8, 9, 10, 11, 12, 13, 14, ...}. Nu maken we een nieuwe lijst waarbij we elk getal vervangen door $KEUZE^X$. Onze nieuwe lijst wordt dus: {2^0, 2^1, 2^2, 2^3, 2^4, 2^5, 2^6, 2^7, 2^8, 2^9, 2^{10}, 2^{11}, 2^{12}, 2^{13}, 2^{14},

...}. Als we dit uitwerken krijgen we: {1, 2, 4, 8, 16, 32, 64, 128, 256, 512, 1024, 2048, 4096, 8192, 16384, ...}. Nu voeren we de bewerking KEUZE^X mod(GETAL) uit. In ons voorbeeld is dat 2^X mod(35). Dit betekent dat van de laatste lijst getallen zo vaak mogelijk 35 afhalen. We krijgen dan de lijst: {1, 2, 4, 8, 16, 32, 29, 23, 11, 22, 9, 18, 1, 2, 4, ...}. We zien in deze lijst dat een bepaald gedeelte zich steeds herhaald. Dit is de periode en noemen we R. De eerste 12 getallen herhalen zich steeds, dus onze periode is 12. De periode is altijd kleiner dan het GETAL, maar kan nog steeds erg groot zijn als het GETAL uit 600 cijfers bestaat.

Vervolgens voeren we de formule KEUZE$^{R/2}$ uit. Dat is in ons voorbeeld $2^{12/2}$ = 2^6 = 64. Nu moeten 64+1 en 64-1 de delers van 35 bevatten. Om nu de priemfactoren van 35 te vinden moeten we de grootste gemeenschappelijke deler van 35 en 65 en de grootste gemeenschappelijke deler van 35 en 63 vinden. Dit doen we door het klassieke Euclid's algoritme toe te passen die hiervoor is uitgelegd. GGD(35,65) = 7. GGD(35,63) = 5. 7 en 5 zijn de priemfactoren van 35.

Het is mogelijk dat beide priemfactoren uit één van de twee getallen komen. Ook is het mogelijk dat de periode oneven is, waardoor R/2 geen geheel getal meer is. Hierdoor werkt het algoritme niet meer. In beide gevallen moet een andere KEUZE worden genomen en moet het algoritme opnieuw worden uitgevoerd.

Waarin is een quantumcomputer nu sneller dan een klassieke computer? In een quantumcomputer is sprake van superpositie. Hierdoor kan op een lange lijst van getallen tegelijkertijd een bewerking worden uitgevoerd. In dit geval is X in de quantumcomputer in superpositie. Dit betekent dat de lijst van getallen X tegelijkertijd door de quantumcomputer gaan, hierdoor wordt in één keer de periode R gevonden.

Foutcorrectie

Gebruik maken van de bijzondere eigenschappen van de quantumwereld om een enorm krachtige computer te bouwen. Het is een mooi idee, maar er zijn ook nadelen. Doordat je op zo'n kleine schaal werkt, kunnen kleine fouten desastreus werken. Door allerlei soorten ruis ontstaan er al snel fouten in de quantumcomputers. Door verstrengeling breiden die fouten heel snel uit en kan één foutje een hele berekening verknoeien. Daarom is het erg belangrijk om die fouten in de hand te houden. Dat is het doel van quantumfoutcorrectie: om fouten te detecteren en te corrigeren en op die manier ervoor zorgen dat er geen informatie verloren gaat. Om dat te bereiken zijn er verschillende manieren.

Een belangrijke manier is de logische qubit. Het idee is om de informatie van één qubit te verspreiden over meerdere qubits. Je kunt de informatie van één qubit bijvoorbeeld verdelen over drie qubits. Als één qubit dan afwijkt van de andere twee verbeter je hem. Het nadeel is alleen dat het ook mogelijk is dat twee van de drie qubits fout zijn en als je het dan verbetert, gaat er informatie verloren. Daarom werken logische qubits alleen als de kans op fouten in het algemeen klein genoeg is.

Om de kans op fouten in het algemeen kleiner te maken, zijn er foutcorrectiecodes ontwikkeld. Er bestaan verschillende foutcorrectiecodes, maar momenteel is de *surface code* de meest bekende en veelbelovende. De *surface code* is een foutcorrectiecode die, door qubits te rangschikken in een 2D vlak, fouten kan corrigeren. In dit profielwerkstuk leggen wij verder niet uit hoe dat precies werkt.

Conclusie

Wij hopen dat u na het lezen van dit profielwerkstuk een beter beeld heeft van de werking van quantumcomputers. We willen u herinneren dat u voor verdere vragen, opmerkingen, feedback of het opvragen van alle bronnen contact kunt opnemen met de auteurs. Dit kan door een e-mail te sturen naar: PWSQuantumcomputer@outlook.com.

In dit profielwerkstuk hebben we eerst quantummechanica geïntroduceerd en daarbij onder andere de concepten superpositie, verstrengeling en decoherentie uitgelegd. Vervolgens hebben we in het algemeen verteld wat een qubit is. Daarna hebben we verschillende soorten qubits uitgelegd, namelijk supergeleidende, topologische, ionenval, fotonische en spin qubits. We beschreven ook hoe een quantumcomputer daadwerkelijk is opgebouwd en we legden daarbij in het bijzonder uit hoe de koeling van een quantumcomputer werkt. Ook zijn we ingegaan op de wiskundige aspecten van een quantumcomputer, namelijk poorten en algoritmen. We hebben verschillende quantumpoorten uitgelegd en hoe deze fysiek worden toegepast op de verschillende soorten qubits. Als laatste zijn enkele bekende algoritmen besproken die een quantumcomputer veel sneller kan uitvoeren dan een klassieke computer.

Wij zijn dit profielwerkstuk begonnen door onszelf in te lezen in quantummechanica en quantumcomputers in het algemeen. Op die manier kregen wij een globaal beeld van wat quantummechanica en quantumcomputers zijn. Daarna hebben we verschillende deelonderwerpen bepaalt die nodig zijn om de werking van quantumcomputers goed te begrijpen, zoals superpositie, verstrengeling en verschillende soorten qubits. Vervolgens hebben wij die onderwerpen verdeeld en onderzocht. Tijdens dat onderzoek ontdekten we allerlei andere deelonderwerpen die ook uitgelegd moesten worden. Daardoor hebben wij uiteindelijk veel meer deelonderwerpen onderzocht dan eerst de bedoeling was. De informatie die we hebben gevonden tijdens ons onderzoek hebben wij verwerkt in een uitleg. Daarna hebben wij die uitleg nog verder verbeterd en uitgewerkt, wat uiteindelijk dit boekje als resultaat heeft. Op bepaalde punten hebben wij er bewust voor gekozen om onderwerpen niet verder te onderzoeken, omdat het niveau dan te hoog wordt. Op het gebied van quantumcomputers valt nog veel meer te onderzoeken, maar omwille van de tijd hebben wij een selectie gemaakt van de belangrijkste onderwerpen. Behalve dit boekje hebben wij ook een poster gemaakt met uitleg over de opbouw van een quantumcomputer. Die poster is bedoeld als uitnodiging om dit boekje te gaan lezen.

Als u geïnteresseerd bent geraakt in dit onderwerp, zijn er allerlei mogelijkheden beschikbaar om u hier verder in te verdiepen. Er zijn veel bedrijven en onderzoeksgroepen die onderzoek doen naar een specifiek gedeelte van een quantumcomputer.

Bronnenlijst

Hieronder treft u de bronnen aan die gebruikt zijn in dit profielwerkstuk. Wegens de enorme hoeveelheid aan bronnen hebben wij besloten om een selectie te maken uit de bronnen en alleen de belangrijkste en meest gebruikte bronnen weer te geven. De overige bronnen zijn op te vragen bij de auteurs.

7activestudio. (2017, 17 april). *PAULI EXCLUSION PRINCIPLE* [Video]. YouTube. https://www.youtube.com/watch?v=VN0xpDYQ3iE

A new way for quantum computing systems to keep their cool. (2023, 21 februari). MIT News | Massachusetts Institute Of Technology. https://news.mit.edu/2023/new-way-quantum-computing-systems-keep-their-cool-0221

A simpler design for quantum computers. (2021, 29 november). Stanford University. https://news.stanford.edu/2021/11/29/simpler-design-quantum-computers/

A simplified overview of qubits. (z.d.). https://www.aliroquantum.com/blog/qn-basics-a-simplified-overview-of-qubits

A single-photon server with just one atom. (z.d.). Max-Planck-Gesellschaft. https://www.mpg.de/551429/a-single-photon-server-with-just-one-atom

Advanced Secure Network Basics: Introduction to qubits with real-world examples. (z.d.). https://www.aliroquantum.com/blog/qn-basics-introduction-to-qubits-with-real-world-examples

Advantages and disadvantages of photonic quantum computing. (z.d.). ResearchGate. https://www.researchgate.net/figure/Advantages-and-disadvantages-of-photonic-quantum-computing_tbl1_357734170

Alexandre Blais. (2007). *Charge insensitive qubit design derived from the Cooper pair box* [Journal-article]. https://arxiv.org/pdf/cond-mat/0703002.pdf

Allgood, N. R. (2023). A Tour of Adiabatic Quantum Computing. In *IntechOpen eBooks*. https://doi.org/10.5772/intechopen.1002604

Anderson, M. (2023, 19 juni). Qubit Quest Takes a Topological Turn. *IEEE Spectrum*. https://spectrum.ieee.org/topological-quantum-computing

Anonymousket. (2022, 6 januari). Quantum Algo: Deutsch Algorithm - Anonymousket - Medium. *Medium*. https://anonymousket.medium.com/quantum-algo-deutsch-algorithm-ccc119c69c08

Arends, E. (2018, 23 juli). Physicists demonstrate new method to make single photons. *Phys.Org*. https://phys.org/news/2018-07-physicists-method-photons.html

Author, N. (2018, 28 augustus). *Superconducting quantum bits – Physics World*. Physics World. https://physicsworld.com/a/superconducting-quantum-bits/

Azure Quantum | Topological qubits. (z.d.). https://quantum.microsoft.com/en-us/explore/concepts/topological-qubits

Bakker, L. (2022, 28 oktober). *Hoe werkt een qubit? | the Quantum Universe*. The Quantum Universe. https://www.quantumuniverse.nl/hoe-werkt-een-qubit

Ballon, A. (2024, 1 januari). *Photonic quantum computers*. PennyLane Demos. https://pennylane.ai/qml/demos/tutorial_photonics/

Basics — perceval 0.10.4 documentation. (z.d.). https://perceval.quandela.net/docs/basics.html

Brown, R. (2021, 10 december). The Many Faces of a Qubit | Quantum Computing Inc. *Quantum Computing Inc.* https://www.quantumcomputinginc.com/blog/the-many-faces-of-a-qubit/

Bub, T. (z.d.). *Download Totally Random: Why Nobody Understands Quantum Mechanics (A Serious Comic on Entanglement) File PDF*. https://zlibrary.to/filedownload/totally-random-why-nobody-understands-quantum-mechanics-a-serious-comic-on-entanglement-1

Choi, C. Q. (2023, 29 maart). Photonic Quantum computer claims speedup "Advantage". *IEEE Spectrum*. https://spectrum.ieee.org/photonic-quantum-computing

Circular dichroism: demonstration #8. (z.d.). http://lilith.fisica.ufmg.br/~wag/TRANSF/TEACHING/OPTICA/CDEDEMO/EDEMO8.HTM

Circularly Polarized Light Through a Linear Polarizer. (z.d.). Physics Stack Exchange. https://physics.stackexchange.com/questions/442312/circularly-polarized-light-through-a-linear-polarizer

Computing, R. (2023, 12 december). *Building scalable, innovative quantum systems*. Rigetti Computing. https://www.rigetti.com/what-we-build

Conover, E. (2023, 30 mei). Quantum computers braided 'anyons,' long-sought quasiparticles with memory. *Science News*. https://www.sciencenews.org/article/quantum-computers-braided-anyons-quasiparticles-memory

Coolphysicsvideos Physics. (2012, 15 maart). *Three polarizers - Science experiment* [Video]. YouTube. https://www.youtube.com/watch?v=-Yh-U8Ro-P0

Cyril Langlois. (2022). 2 Qubits. In *2 Qubits*. https://cpb-us-e1.wpmucdn.com/blog.umd.edu/dist/b/193/files/2015/09/qubits-1ay8kbb.pdf

Dargan, J. (2023, 12 september). *Cryogenics: A Short History & The Implications it Has on The QC Industry*. The Quantum Insider. https://thequantuminsider.com/2023/09/12/cryogenics-a-short-history-the-implications-it-has-on-the-qc-industry/

De Onzekerheidsrelatie van Heisenberg: Wat is Dat? (Uitle. (z.d.). ExamenOverzicht. https://www.examenoverzicht.nl/natuurkunde/onzekerheidsrelatie-van-heisenberg

De quantumcomputer. (2022, 15 juni). George van Hal. https://www.georgevanhal.nl/boeken/de-quantumcomputer/

De Wolf, R. & QuSoft, CWI and University of Amsterdam. (2023). *Quantum Computing: lecture notes*. https://homepages.cwi.nl/~rdewolf/qcnotes.pdf

Delbert, C. (2021, 16 november). This incredible particle only arises in two dimensions. *Popular Mechanics*. https://www.popularmechanics.com/science/a35006695/anyons-incredible-particle-quantum-computing/

DFG bewegt. (2009, 7 september). *The Wave Hunters - 04: Squeezed light* [Video]. YouTube. https://www.youtube.com/watch?v=XZIIDPTnhic

Dicarlo Lab Welcome - QUTech. (2023, 24 januari). QuTech. https://qutech.nl/lab/dicarlo-lab-welcome/

Difference between Poincaré and Bloch sphere for single photons. (z.d.). Physics Stack Exchange. https://physics.stackexchange.com/questions/726803/difference-between-poincar%C3%A9-and-bloch-sphere-for-single-photons

Dilmegani, C. (2024, 22 december). *Quantum Hardware Components, Interfaces & Challenges [2024]*. AIMultiple: High Tech Use Cases &Amp; Tools To Grow Your Business. https://research.aimultiple.com/quantum-computing-hardware/

DiVincenzo, D. & IBM Research. (2000). The DiVincenzo criteria. In *Implementation of quantum computers*. https://ocw.tudelft.nl/wp-content/uploads/QIP3_divincenzo_criteria.pdf

DiVincenzo's criteria - Quantum Computing Codex. (z.d.). https://qc-at-davis.github.io/QCC/How-Quantum-Computing-Works/DiVincenzo's-Criteria/DiVincenzo's-Criteria.html

Does a linear polarization of light can be decomposed into the superposition of two equal-amplitude circularly polarized components ? | ResearchGate. (z.d.). ResearchGate. https://www.researchgate.net/post/Does_a_linear_polarization_of_light_can_be_decomposed_into_the_superposition_of_two_equal-amplitude_circularly_polarized_components

Does a photonic quantum computer control a single photon? (z.d.). Quantum Computing Stack Exchange. https://quantumcomputing.stackexchange.com/questions/21755/does-a-photonic-quantum-computer-control-a-single-photon

Edmund Optics. (z.d.). *Introduction to Polarization*. https://www.edmundoptics.com/knowledge-center/application-notes/optics/introduction-to-polarization/

Field, B., & Simula, T. (2018). Introduction to topological quantum computation with non-Abelian anyons. *Quantum Science And Technology*, *3*(4), 045004. https://doi.org/10.1088/2058-9565/aacad2

Figure 2: Interconversion between polarisation-encoding and. . . (2015, augustus). ResearchGate. https://www.researchgate.net/figure/Interconversion-between-polarisation-encoding-and-path-encoding-a-Initial-arbitrary_fig3_280969763

Forging a Qubit to Rule Them All | Quanta Magazine. (2019, 2 april). Quanta Magazine. https://www.quantamagazine.org/construction-begins-of-topological-qubit-route-to-quantum-computer-20140515/

Fotografie: wat is gepolariseerd licht? (z.d.). http://pics.idemdito.org/nl/fysica/polarisatie.htm

Giangrandi, I. (z.d.). *Polarization of light*. https://www.giangrandi.org/optics/polarizer/polarizer.shtml

Google Books. (z.d.). https://www.google.nl/books/edition/Quantum_Information_and_Quantum_Optics_w/RUt6EAAAQBAJ?hl=nl&gbpv=1&dq=transmon&pg=PA129&printsec=frontcover

Graps, A. (2022, 26 augustus). *Photonic quantum computing advances squeezed light - inside quantum technology*. Inside Quantum Technology - Inside Quantum Technology Is

The First Company To Be Dedicated To Meeting The Strategic Information And Analysis Needs Of The Emerging Quantum Technology Sector. https://www.insidequantumtechnology.com/news-archive/photonic-quantum-computing-advances-squeezed-light/

Grover's Algorithm | CNOT. (z.d.). https://cnot.io/quantum_algorithms/grover/grovers_algorithm.html

Hanson, R., & Zwanenburg, F. (2014). *Quantumcomputers: hoe en wanneer?* https://www.utwente.nl/en/eemcs/ne/publications/floris_zwanenburg/ntvn-qc-hoe-wanneer.pdf

He, L., Liu, D., Gao, J., Zhang, W., Zhang, H., Feng, X., Huang, Y., Cui, K., Liu, F., Zhang, W., & Zhang, X. (2023). Super-compact universal quantum logic gates with inverse-designed elements. *Science Advances, 9*(21). https://doi.org/10.1126/sciadv.adg6685

Healy, J. (2022, 26 september). *What is 'squeezed light'? – Physics says what?* https://www.physicssayswhat.com/2022/09/26/what-is-squeezed-light/

How is a quantum computer programmed? (z.d.). Quantum Computing Stack Exchange. https://quantumcomputing.stackexchange.com/questions/9067/how-is-a-quantum-computer-programmed

How to manipulate a superconducting qubit? (z.d.). https://www.qmunity.tech/post/manipulate-superconducting-qubit

How to polarize a laser beam. (z.d.). Physics Stack Exchange. https://physics.stackexchange.com/questions/195876/how-to-polarize-a-laser-beam

How topology meets quantum computing? (z.d.). https://www.qmunity.tech/post/how-topology-meets-quantum-computer

Hughes, C., Isaacson, J., Perry, A., Sun, R. F., & Turner, J. (2021). Quantum computing for the quantum curious. In *Springer eBooks*. https://doi.org/10.1007/978-3-030-61601-4

Hui, J. (2019, 26 oktober). QC — What is a Quantum Computer? - Jonathan Hui - Medium. *Medium*. https://jonathan-hui.medium.com/qc-what-is-a-quantum-computer-222edc3a887d

Hui, J. (2021, december 7). QC — How to build a Quantum Computer with Superconducting Circuit? *Medium*. https://jonathan-hui.medium.com/qc-how-to-build-a-quantum-computer-with-superconducting-circuit-4c30b1b296cd

Hui, J. (2021, december 7). QC — Quantum Computing Series - Jonathan Hui - Medium. *Medium*. https://jonathan-hui.medium.com/qc-quantum-computing-series-10ddd7977abd

IBM Quantum Learning. (z.d.). https://qiskit.org/learn

IBM Research. (2017, 15 september). *A Qubit in the Making* [Video]. YouTube. https://www.youtube.com/watch?v=2pB87H3_F_c

In a historic milestone, Azure Quantum demonstrates formerly elusive physics needed to build scalable topological qubits - Source. (2023, 13 juli). Source. https://news.microsoft.com/source/features/innovation/azure-quantum-majorana-topological-qubit/

In physics, what is squeezed light? (z.d.). Quora. https://www.quora.com/In-physics-what-is-squeezed-light

IQM Academy curriculum. (z.d.). Stefan Seegerer,. https://www.iqmacademy.com/curriculum/index.html

Is the output of a laser pointer polarized or not? (z.d.). Physics Stack Exchange. https://physics.stackexchange.com/questions/183216/is-the-output-of-a-laser-pointer-polarized-or-not

Jayasinha, P. (2022, 27 februari). But what is a quantum phase factor? - Pavan Jayasinha - Medium. *Medium*. https://pavanjayasinha.medium.com/but-what-is-a-quantum-phase-factor-d05c15c321fe

Jones, M. (2013). Physics 42200 Waves & Oscillations Spring 2013 Semester. In *Physics 42200 Waves & Oscillations Spring 2013 Semester* [Lecture]. https://www.physics.purdue.edu/~jones105/phys42200_Spring2013/notes/Phys42200_Lecture27.pdf

Kagalwala, K. H., Di Giuseppe, G., Abouraddy, A. F., & Saleh, B. E. A. (2017). Single-photon three-qubit quantum logic using spatial light modulators. *Nature Communications*, *8*(1). https://doi.org/10.1038/s41467-017-00580-x

Kattemölle, J. (2020, 29 juni). *Quantumcomputers (3): Echte qubits | the Quantum Universe*. The Quantum Universe. https://www.quantumuniverse.nl/quantumcomputers-3-echte-qubits

Kelvin to Celsius (K to °C) Conversion. (z.d.). https://www.rapidtables.com/convert/temperature/kelvin-to-celsius.html

Koch, J., Yu, T. M., Gambetta, J., Houck, A., Schuster, D. I., Majer, J., Blais, A., Devoret, M., Girvin, S. M., & Schoelkopf, R. (2007). Charge-insensitive Qubit design derived from the Cooper Pair box. *Physical Review A*, *76*(4). https://doi.org/10.1103/physreva.76.042319

Kok, P., *, Munro, W. J., Nemoto, K., Ralph, T. C., Dowling, J. P., Milburn, G. J., Department of Materials, Oxford University, Oxford OX1 3PH, UK, Hewlett-Packard Laboratories, Filton Road Stoke Gifford, Bristol BS34 8QZ, UK, National Institute of Informatics, 2-1-2 Hitotsubashi, Chiyoda-ku, Tokyo 101-8430, Japan, Centre for Quantum Computer Technology, University of Queensland, St. Lucia, Queensland 4072, Australia, Hearne Institute for Theoretical Physics, Department of Physics and Astronomy, LSU, Baton Rouge LA, 70803, USA, & Institute for Quantum Studies, Department of Physics, Texas A&M University, 77843-4242, USA. (2008). *Linear optical quantum computing* [Journal-article]. https://arxiv.org/pdf/quant-ph/0512071.pdf

Kwantummechanica: Wat is Dat en Hoe Werkt Dat? (Uitleg). (z.d.). ExamenOverzicht. https://www.examenoverzicht.nl/natuurkunde/kwantummechanica

Lahtinen, V. T., Pachos, J. K., Freie Universität Berlin, & School of Physics and Astronomy, University of Leeds. (2017). *A Short Introduction to Topological Quantum Computation*. https://arxiv.org/pdf/1705.04103.pdf

Lavoie, J., & Vernon, Z. (2022, 1 juni). *Xanadu | Beating classical computers with Borealis*. https://www.xanadu.ai/blog/beating-classical-computers-with-Borealis

Lawrie, W. (2022). Spin Qubits in Silicon and Germanium. *TU Delft Repositories*. https://doi.org/10.4233/uuid:97c4ea24-9672-4e0b-b7a5-e3a48258c871

Lee, R. (2022, 5 januari). *A Full Overview of Quantum Computing - Visionary Hub - Medium. Medium.* https://medium.com/visionary-hub/a-full-overview-of-quantum-computing-6897ecb22004

Li, A. (2021, 10 december). *Topological quantum computing - the startup - medium. Medium.* https://medium.com/swlh/topological-quantum-computing-5b7bdc93d93f

Libretexts. (2022, 12 september). *7.3: The Heisenberg Uncertainty Principle.* Physics LibreTexts. https://phys.libretexts.org/Bookshelves/University_Physics/Book%3A_University_Physics_(OpenStax)/University_Physics_III_-_Optics_and_Modern_Physics_(OpenStax)/07%3A_Quantum_Mechanics/7.03%3A_The_Heisenberg_Uncertainty_Principle

Libretexts. (2023, 30 januari). *Heisenberg's uncertainty principle.* Chemistry LibreTexts. https://chem.libretexts.org/Bookshelves/Physical_and_Theoretical_Chemistry_Textbook_Maps/Supplemental_Modules_(Physical_and_Theoretical_Chemistry)/Quantum_Mechanics/02._Fundamental_Concepts_of_Quantum_Mechanics/Heisenberg's_Uncertainty_Principle

light linear polarization and photon spin. (z.d.). Physics Stack Exchange. https://physics.stackexchange.com/questions/107303/light-linear-polarization-and-photon-spin%20%E2%80%98

Linssen, G., Zwerver, A.-M., Mollema, M., Buisman, H., & Vereniging NLT. (2022). *Kansen met Quantum.* https://quantumrules.nl/wp-content/uploads/2022/08/kmq220713-leerlingen.pdf

Liu, X., Wong, C. L. M., & Law, K. T. (2014). Non-Abelian Majorana doublets in Time-Reversal-Invariant Topological superconductors. *Physical Review. X, 4*(2). https://doi.org/10.1103/physrevx.4.021018

Looking Glass Universe. (2015, 31 juli). *What is spin? | Quantum Mechanics* [Video]. YouTube. https://www.youtube.com/watch?v=cd2Ua9dKEl8

Lumen Learning. (z.d.). *Probability: The Heisenberg Uncertainty Principle | Physics.* https://courses.lumenlearning.com/suny-physics/chapter/29-7-probability-the-heisenberg-uncertainty-principle/

Marketing. (2022, 28 september). *Quantum Advantage Demonstrated with Photons.* ID Quantique. https://www.idquantique.com/quantum-advantage-demonstrated-with-photons/

Mauricio. (2019, 29 november). *What are the typical gate times for single-qubit and 2-qubit gates for ion trap, superconducting, neutral atom, photonic, spin QC?* Quantum Computing Stack Exchange. https://quantumcomputing.stackexchange.com/questions/21982/what-are-the-typical-gate-times-for-single-qubit-and-2-qubit-gates-for-ion-trap

Measurement of the state of polarization of single photons and a beam of light. (z.d.). Physics Stack Exchange. https://physics.stackexchange.com/questions/305537/measurement-of-the-state-of-polarization-of-single-photons-and-a-beam-of-light

Metwalli, S. (2024, 2 mei). *What is superposition?* Built In. https://builtin.com/software-engineering-perspectives/superposition

Momentum. (z.d.). https://www.physicsclassroom.com/Class/momentum/u4l1a.cfm

Moor Insights and Strategy. (2019, 16 september). *Quantum Computer battle Royale: Upstart ions versus Old guard superconductors*. Forbes. https://www.forbes.com/sites/moorinsights/2019/09/16/quantum-computer-battle-royale-upstart-ions-versus-old-guard-superconductors/

Mr.Asif. (2022, 10 mei). Quantum Hardware in a Nutshell | Quantum Untangled. *Medium*. https://medium.com/quantum-untangled/quantum-hardware-in-a-nutshell-50cc70c1ffd4

Muller, A. (z.d.). *What is quantum entanglement? A physicist explains the science of Einstein's 'spooky action at a distance'*. The Conversation. https://theconversation.com/what-is-quantum-entanglement-a-physicist-explains-the-science-of-einsteins-spooky-action-at-a-distance-191927

Muon Ray. (2013, 16 juni). *Topological Quantum Computer - Professor John Preskill, CalTech* [Video]. YouTube. https://www.youtube.com/watch?v=igPXzKjqrNg

National Institute of Advanced Industrial Science and Technology (AIST), Spintronics Research Center, Dash, S. P., Le Breton, J. C., Deac, A. M., Min, B. C., Shin, S. C., Van Wees, B. J., Jansen, R., Sharma, S., Spiesser, A., Jeon, K. R., Iba, S., Saito, H., & Yuasa, S. (z.d.). Silicon spintronics. In *IEEE Magnetics Society Home Page*. http://confcats-web-assets.s3.amazonaws.com/ieeemagnetics/media/backup/stories/SummerSchool/Rio/Jansen.pdf

nature video. (2021, 24 maart). *The quantum world of diamonds* [Video]. YouTube. https://www.youtube.com/watch?v=VCT0wDLyvSs

Natuurkunde.nl - Kracht, impuls en energie bij botsingen. (z.d.). Stichting natuurkunde.nl. https://www.natuurkunde.nl/opdrachten/632/kracht-impuls-en-energie-bij-botsingen

Natuurkunde.nl - Principes van de quantummechanica. (z.d.). Stichting natuurkunde.nl. https://www.natuurkunde.nl/artikelen/338/principes-van-de-quantummechanica

New breakthrough in photonic quantum computing explained! (z.d.). YouTube. https://m.youtube.com/watch?v=MJXlXFRQfGI

Nichtlineare Quantenoptik: Gequetschtes Licht. (2024, 29 januari). https://www.physik.uni-hamburg.de/en/iqp/ag-schnabel/forschung/gequetschtes-licht.html

Noise in Quantum Computing | Amazon Web Services. (2023, 3 april). Amazon Web Services. https://aws.amazon.com/blogs/quantum-computing/noise-in-quantum-computing/

Onzekerheidsprincipe. (z.d.). https://adcs.home.xs4all.nl/Deeltjes/uncertainty.html

Optica Publishing Group. (z.d.). https://opg.optica.org/oe/fulltext.cfm?uri=oe-28-10-14839&id=431412

Ornes, S. (2020, 14 december). *Physicists Prove Anyons Exist, a Third Type of Particle in the Universe*. Discover Magazine. https://www.discovermagazine.com/the-sciences/physicists-prove-anyons-exist-a-third-type-of-particle-in-the-universe

Oxford University Physics Department. (2018, 10 augustus). *The Topology of Matter — The World of Quantum Matter*. The World Of Quantum Matter. https://oxfordqcmt.org/topology/

Paschotta, R. (2024, 8 mei). *standard quantum limit*. 2024 RP Photonics AG. https://www.rp-photonics.com/standard_quantum_limit.html

Pérez Martín, A. (z.d.). A Categorical Approach to Quantum Computation with Anyons. In Departament de Matemàtiques i Informàtica, *GRAU DE MATEMÀTIQUES*. https://diposit.ub.edu/dspace/bitstream/2445/198901/2/tfg_perez_martin_andrea.pdf

Photonic quantum computers. (z.d.). YouTube. https://m.youtube.com/watch?v=dpdH7jX_M-E

Pieper, J., & Lladser, M. (2018). Quantum Computation. *Scholarpedia Journal, 13*(2), 52499. https://doi.org/10.4249/scholarpedia.52499

Polarisatie van licht. (2017, 30 augustus). studylibnl.com. https://studylibnl.com/doc/576930/polarisatie-van-licht

Polarization of Light | Olympus LS. (z.d.). https://www.olympus-lifescience.com/en/microscope-resource/primer/lightandcolor/polarization/

Potts, B. (2022, 17 augustus). *Microsoft has demonstrated the underlying physics required to create a new kind of qubit - Microsoft Research*. Microsoft Research. https://www.microsoft.com/en-us/research/blog/microsoft-has-demonstrated-the-underlying-physics-required-to-create-a-new-kind-of-qubit/

Prasad, G. (2022, 20 juni). Introduction to Transmon Qubits and Qiskit Pulses - Grishma Prasad - Medium. *Medium*. https://grishmaprs.medium.com/introduction-to-transmon-qubits-and-qiskit-pulses-f62621d768c0

Preskill, J. & California Institute of Technology. (2004). *Lecture Notes for Physics 219: Quantum Computation*. http://theory.caltech.edu/~preskill/ph219/topological.pdf

Pretty Much Physics. (2017, 25 december). *Laser Cooling | Doppler Effect* [Video]. YouTube. https://www.youtube.com/watch?v=WPwlS8SKlns

ProfielAdmin. (2023, 2 maart). *Ontwerpcyclus - profielwerkstuk*. Profielwerkstuk. https://www.profielwerkstuk.nl/how-to/ontwerpcyclus/

Qiskit. (2022, 28 september). How the first superconducting Qubit changed quantum computing forever. *Medium*. https://medium.com/qiskit/how-the-first-superconducting-qubit-changed-quantum-computing-forever-96cf261b8498

Quandela – Photonic Quantum computers. (z.d.). https://www.quandela.com/

Quantum Computer. (z.d.). https://www.qutube.nl/quantum-computer-12

Quantum computing. (2019). In *National Academies Press eBooks*. https://doi.org/10.17226/25196

Quantum Computing. (2021, 1 februari). *EdX Oracle Algorithms 1* [Video]. YouTube. https://www.youtube.com/watch?v=RV2OlpMWdiY

Quantum Photonic Qubits. (z.d.). YouTube. https://m.youtube.com/watch?v=7FLP1INEG4k

Quantum Soar. (2023, 7 februari). *Deutsch's Algorithm: An Introduction to Quantum Computing oracles* [Video]. YouTube. https://www.youtube.com/watch?v=7MdEHsRZxvo

Quantum, U. (2022, 5 januari). Why every qubit is not created equal - Universal Quantum - Medium. *Medium*. https://medium.com/@universalquantum/why-every-qubit-is-not-created-equal-93c20433cc70

Quantumrekenen met majoranadeeltjes. (2014). https://www.lorentz.leidenuniv.nl/beenakker/beenakkr/mesoscopics/fulltext/NTVN_2014.pdf

Qubit Types | Part 3 | Photonic Qubits. (z.d.). YouTube. https://m.youtube.com/watch?v=s0y6jwIxIsE

QuiX Quantum - Photonic circuits for programming Qumodes. (z.d.). https://www.quixquantum.com/blog/photonic-circuits-for-programming-qumodes

QuiX Quantum - Qumodes vs. Qubits explained, part 1. (z.d.). https://www.quixquantum.com/blog/qumodes-vs-qubits-explained-part-1

QuiX Quantum - Qumodes vs Qubits explained, part II: information processing with qumodes. (z.d.). https://www.quixquantum.com/blog/qumodes-vs-qubits-explained-part-ii-information-processing-with-qumodes

QuTech Academy. (2018, december 9). *NV Center QUBITS | QUTech Academy* [Video]. YouTube. https://www.youtube.com/watch?v=T2KQCOq1hRA

QuTech Academy. (2018, december 9). *Operations on NV Center QUBITS | QUTech Academy* [Video]. YouTube. https://www.youtube.com/watch?v=tWd0SkoI0HY

QuTech Academy. (2021, 27 augustus). *Quantum control and readout* [Video]. YouTube. https://www.youtube.com/watch?v=5DP4_80jT50

Raden, N. (2023, 20 juli). Is phototonic quantum computing the answer to commercial quantum use? Maybe. *Diginomica*. https://diginomica.com/phototonic-quantum-computing-answer-commercial-quantum-use-maybe

Rasmussen, F. (2012). *Properties and Transport Characteristics of Majorana Fermions in Nanowires*. https://www.semanticscholar.org/paper/Properties-and-Transport-Characteristics-of-in-Rasmussen/c307ee4c55c36c3a7b3c6eba4cd6409847486db6/figure/7

Redactie Engineersonline & Geplaatst door Redactie Engineersonline. (1999, 17 februari). *Stabielere spin-qubits in doodgewoon silicium - Engineers Online*. Engineers Online. https://www.engineersonline.nl/stabielere-spin-qubits-in-doodgewoon-silicium/

Reina, M. (2023, juli 11). Superconduction is sweetest when served up cold - ColibrITD Quantum - Medium. *Medium*. https://medium.com/colibritd-quantum/superconduction-is-sweetest-when-served-up-cold-c1d6f3de1f68

Reina, M. (2023, oktober 9). Super-conductive qubits - ColibrITD Quantum - Medium. *Medium*. https://medium.com/colibritd-quantum/super-conductive-qubits-ec13dbc9a857

Roth, T. E., Ma, R., Chew, W. C., & IEEE. (2021). An Introduction to the Transmon Qubit for Electromagnetic Engineers. In *IEEE* [Journal-article]. https://arxiv.org/pdf/2106.11352.pdf (Oorspronkelijk gepubliceerd 2021)

Rotter, T. & University of New Mexico, Department of Physics and Astronomy. (2000). Squeezed Light. -. http://info.phys.unm.edu/~ideutsch/Classes/Phys566F99/566_Journal/Articles/Rotter.pdf

Russell, J. (2022, 27 april). *PsiQuantum's Path to 1 Million Qubits*. HPCwire. https://www.hpcwire.com/2022/04/21/psiquantums-path-to-1-million-qubits-by-the-middle-of-the-decade/

Russfein. (2023, 24 oktober). *Quantum Computing "Noise"*. The Quantum Leap. https://quantumtech.blog/2022/09/08/quantum-computing-noise/

Sau, J., Simon, S., Vishveshwara, S., & Williams, J. R. (2020). From anyons to Majoranas. *Nature Reviews Physics, 2*(12), 667–668. https://doi.org/10.1038/s42254-020-00251-9

Schnabel, R. (2017). Squeezed states of light and their applications in laser interferometers. *Physics Reports, 684*, 1–51. https://doi.org/10.1016/j.physrep.2017.04.001

Schnitzer, Z. (2023, 2 november). Escaping From a Quantum Prison; an Intuitive Explanation of Quantum Tunneling. *Medium*. https://medium.com/@zmanswimmer/escaping-from-a-quantum-prison-an-intuitive-explanation-of-quantum-tunneling-090b2cb6fb79

serie: Qubits in quantumcomputers | the Quantum Universe. (z.d.). The Quantum Universe. https://www.quantumuniverse.nl/serie/qubits-in-quantumcomputers

Sk, M. (2023, 14 september). The Map of Quantum Computing - Murshed SK - Medium. *Medium*. https://medium.com/@murshedsk135/the-map-of-quantum-computing-df6abc11276c

Smith-Goodson, P. (2022, 8 november). PsiQuantum has a goal for its million qubit photonic quantum computer to outperform every supercomputer on the planet. *Forbes*. https://www.forbes.com/sites/moorinsights/2022/09/21/psiquantum-has-a-goal-for-its-million-qubit-photonic-quantum-computer-to-outperform-every-supercomputer-on-the-planet/?sh=78cadbf58db3

Spin qubits (beginner level). (z.d.). https://www.qutube.nl/quantum-computer-12/spin-qubits-185

Staff, C. (2023, 11 juli). Quantum Supercomputer using Majorana Zero Modes - Civilsdaily. *CivilsDaily*. https://www.civilsdaily.com/news/quantum-supercomputer-using-majorana-zero-modes/

Standard Quantum Limit (SQL) – AEI 10 m Prototype. (z.d.). https://10m.aei.mpg.de/standard-quantum-limit-sql/

Stanford University. (2021, 29 november). *A simpler design for quantum computers | Stanford News*. Stanford News. https://news.stanford.edu/2021/11/29/simpler-design-quantum-computers/

Strategist, Q. (2022, 15 maart). Topological qubits are now a reality with quantum breakthrough from Microsoft. *Quantum Zeitgeist*. https://quantumzeitgeist.com/topical-qubits-are-now-a-reality-with-quantum-breakthrough-from-microsoft/

Systematische Natuurkunde: vwo 6. (2015).
Systematische Natuurkunde: vwo 5. (2019).
Systematische Natuurkunde: vwo 4. (2018).
Systematische Natuurkunde: Katern C. (2014).

Team, I. (2024, 6 april). *Quantum Computing: Definition, How It's Used, and Example*. Investopedia. https://www.investopedia.com/terms/q/quantum-computing.asp

Team, Q. (2022, 8 september). How to do computations on an optical quantum computer? *Medium*. https://medium.com/quandela/how-to-do-computations-on-an-optical-quantum-computer-a0c579bebeb0

Technology | IBM Quantum Computing. (z.d.). https://www.ibm.com/quantum/systems?lnk=flatitem

Terhal, B. M. (2015). Quantum error correction for quantum memories. *Reviews Of Modern Physics, 87*(2), 307–346. https://doi.org/10.1103/revmodphys.87.307

The Benefits of Spin Quibits. (z.d.). https://barringtonjames.com/post/the-benefits-of-spin-quibits

The Editors of Encyclopaedia Britannica. (1998, 20 juli). *Uncertainty principle | Definition & Equation*. Encyclopedia Britannica. https://www.britannica.com/science/uncertainty-principle

The Science Asylum. (2017, 23 september). *What is Quantum spin?* [Video]. YouTube. https://www.youtube.com/watch?v=sB1EPGmpzyg

The world's first braiding of non-Abelian anyons. (z.d.). https://blog.research.google/2023/06/the-worlds-first-braiding-of-non.html?m=1

Treborybot. (2018, 1 november). *Quantum Measurements | MIT Kavli Institute*. MIT Kavli Institute | Institute For Astrophysics And Space Research. https://space.mit.edu/instrumentation/quantum-measurements/

Treutlein, P. (2016, 23 november). *Photon Qubit is Made of Two Colors*. Physics. https://physics.aps.org/articles/v9/135

TU Delft OpenCourseWare. (2020, 3 maart). *Topology in Condensed Matter - TU Delft OCW*. TU Delft OCW. https://ocw.tudelft.nl/courses/topology-condensed-matter-concept/

Tzitrin, I., & Dhand, I. (2020, 30 oktober). *Xanadu | From a state of light to state of the art: the photonic path to millions of qubits*. https://www.xanadu.ai/blog/from-a-state-of-light-to-state-of-the-art-the-photonic-path-to-millions-of-qubits

uncertainty. (z.d.). https://math.ucr.edu/home/baez/uncertainty.html

University of Maryland. (2023, 28 februari). Superpositioned. *Terp*. https://terp.umd.edu/superpositioned

Unknown. (z.d.). *Heisenberg's Uncertainty Principle for Beginers*. ScienceOnly. https://scionly.blogspot.com/2013/09/heisenbergs-uncertainty-principle-for.html

Van Hal, G. (2017). *De quantumcomputer: Een digitale revolutie op het punt van uitbreken*. New Scientist.

Veritasium. (2013, februari 19). *The original double slit experiment* [Video]. YouTube. https://www.youtube.com/watch?v=Iuv6hY6zsd0

Veritasium. (2013, juni 17). *How Does a Quantum Computer Work?* [Video]. YouTube. https://www.youtube.com/watch?v=g_IaVepNDT4

Veritasium. (2013, juli 23). *How To Make a Quantum Bit* [Video]. YouTube. https://www.youtube.com/watch?v=zNzzGgr2mhk

Veritasium. (2015, 12 januari). *Quantum Entanglement & Spooky Action at a Distance* [Video]. YouTube. https://www.youtube.com/watch?v=ZuvK-od647c

Veritasium. (2023, 20 maart). *How quantum computers break the Internet. . . starting now* [Video]. YouTube. https://www.youtube.com/watch?v=-UrdExQW0cs

Vermaas, P. (2022). Quantum Computing: From Hardware to Society. *repository.tudelft.nl*. https://doi.org/10.4233/uuid:144218f9-7b7a-4208-8242-dc19fb14164b

Vonk, M. (2024, maart 3). *Quantumfysica (4): Golffuncties | the Quantum Universe*. The Quantum Universe. https://www.quantumuniverse.nl/quantumfysica-4-golffuncties

Vonk, M. (2024, maart 3). *Quantumfysica (6): Het onzekerheidsprincipe | the Quantum Universe*. The Quantum Universe. https://www.quantumuniverse.nl/quantumfysica-6-het-onzekerheidsprincipe

Vonk, M. (2024, maart 3). *Quantumfysica (9): Quantumcomputers | the Quantum Universe*. The Quantum Universe. https://www.quantumuniverse.nl/quantumfysica-9-quantumcomputers

Vonk, M. (2024, maart 3). *Quantumfysica (13): Bosonen en fermionen | the Quantum Universe*. The Quantum Universe. https://www.quantumuniverse.nl/quantumfysica-13-bosonen-en-fermionen

Wat zijn de verschillen tussen gepolariseerd en ongepolariseerd licht? (z.d.). Quora. https://nl.quora.com/Wat-zijn-de-verschillen-tussen-gepolariseerd-en-ongepolariseerd-licht

Werkingsprincipe van een condensator | Electric Fundamentals. (z.d.). https://patrickvanhoutven.gitbook.io/electric-fundamentals/condensatoren/werkingsprincipe_van_een_condensator

What are some good resources for learning about photonic qubits? (z.d.). Quantum Computing Stack Exchange. https://quantumcomputing.stackexchange.com/questions/10261/what-are-some-good-resources-for-learning-about-photonic-qubits

What are the typical gate times for single-qubit and 2-qubit gates for ion trap, superconducting, neutral atom, photonic, spin QC? (z.d.). Quantum Computing Stack Exchange. https://quantumcomputing.stackexchange.com/questions/21982/what-are-the-typical-gate-times-for-single-qubit-and-2-qubit-gates-for-ion-trap

What exactly are anyons and how are they relevant to topological quantum computing? (z.d.). Quantum Computing Stack Exchange. https://quantumcomputing.stackexchange.com/questions/2030/what-exactly-are-anyons-and-how-are-they-relevant-to-topological-quantum-computi

What is a qubit? | Institute for Quantum Computing. (z.d.). https://uwaterloo.ca/institute-for-quantum-computing/quantum-101/quantum-information-science-and-technology/what-qubit#superconducting

What is Ground State. (z.d.). https://www.quera.com/glossary/ground-state

What is quantum computing? (2024, 5 april). McKinsey & Company. https://www.mckinsey.com/featured-insights/mckinsey-explainers/what-is-quantum-computing

What is Quantum Computing? | IBM. (z.d.). https://www.ibm.com/topics/quantum-computing

What is the relation between single photon qubits and squeezed light qubits? (z.d.). Quantum Computing Stack Exchange. https://quantumcomputing.stackexchange.com/questions/1715/what-is-the-relation-between-single-photon-qubits-and-squeezed-light-qubits?rq=1

What Is the Uncertainty Principle and Why Is It Important? (z.d.). Caltech Science Exchange. https://scienceexchange.caltech.edu/topics/quantum-science-explained/uncertainty-principle

What will quantum computer components look like? (z.d.). Octopart. https://octopart.com/pulse/p/what-will-quantum-computer-components-look-like

Wikipedia contributors. (2023, augustus 7). *Doppler cooling*. Wikipedia. https://en.wikipedia.org/wiki/Doppler_cooling

Wikipedia contributors. (2023, augustus 16). *Time-bin encoding*. Wikipedia. https://en.wikipedia.org/wiki/Time-bin_encoding

Wikipedia contributors. (2023, september 3). *Dilution refrigerator*. Wikipedia. https://en.wikipedia.org/wiki/Dilution_refrigerator

Wikipedia contributors. (2023, november 1). *Photon polarization*. Wikipedia. https://en.wikipedia.org/wiki/Photon_polarization

Wikipedia contributors. (2024, januari 27). *Doppler effect*. Wikipedia. https://en.wikipedia.org/wiki/Doppler_effect

Wikipedia contributors. (2024, januari 28). *Cryogenics*. Wikipedia. https://en.wikipedia.org/wiki/Cryogenics

Wikipedia contributors. (2024, januari 30). *Superconducting quantum computing*. Wikipedia. https://en.wikipedia.org/wiki/Superconducting_quantum_computing

Wikipedia contributors. (2024, mei 25). *Born rule*. Wikipedia. https://en.wikipedia.org/wiki/Born_rule

Wikipedia contributors. (2024, mei 26). *Quantum computing*. Wikipedia. https://en.wikipedia.org/wiki/Quantum_computing

Wikipedia contributors. (2024, mei 27). *Polarization (waves)*. Wikipedia. https://en.wikipedia.org/wiki/Polarization_(waves)

Wikipedia-bijdragers. (2021, 30 november). *Onzekerheidsrelatie Van Heisenberg*. Wikipedia. https://nl.wikipedia.org/wiki/Onzekerheidsrelatie_van_Heisenberg

Wikipedia-bijdragers. (2022, april 11). *Interferometer*. Wikipedia. https://nl.wikipedia.org/wiki/Interferometer

Wikipedia-bijdragers. (2022, augustus 1). *Wafer*. Wikipedia. https://nl.wikipedia.org/wiki/Wafer

Wikipedia-bijdragers. (2023, 15 juli). *Golf (natuurkunde)*. Wikipedia. https://nl.wikipedia.org/wiki/Golf_(natuurkunde)

Wikipedia-bijdragers. (2024, februari 7). *Subatomair deeltje*. Wikipedia. https://nl.wikipedia.org/wiki/Subatomair_deeltje

Wikipedia-bijdragers. (2024, maart 13). *Kwantummechanica*. Wikipedia. https://nl.wikipedia.org/wiki/Kwantummechanica

Wikipedia-bijdragers. (2024, april 26). *Kwantumcomputer*. Wikipedia. https://nl.wikipedia.org/wiki/Kwantumcomputer

Wikiwand - Coherence length. (z.d.). Wikiwand. https://www.wikiwand.com/en/Coherence_length

Wikiwand - Time-bin encoding. (z.d.). Wikiwand. https://www.wikiwand.com/en/Time-bin_encoding

www.roelhendriks.eu. (z.d.). *Quantumfysica; Onbepaaldheidsrelaties Van Heisenberg.* https://www.roelhendriks.eu/Natuurkunde/w456H%20quantummechanica/onbepaaldheid.pdf

X, S. (2013, 19 maart). Laser-like photons signal major step towards quantum "Internet". *Phys.org.* https://phys.org/news/2013-03-laser-like-photons-major-quantum-internet.html

Xanadu | *Beating classical computers with Borealis.* (z.d.). https://www.xanadu.ai/blog/beating-classical-computers-with-Borealis

Xanadu | *From a state of light to state of the art: the photonic path to millions of qubits.* (z.d.). https://www.xanadu.ai/blog/from-a-state-of-light-to-state-of-the-art-the-photonic-path-to-millions-of-qubits

X.com. (z.d.). X (Formerly Twitter). https://twitter.com/quantumaf/status/1457828416540004358/photo/1

Yash. (2022, maart 19). Quantum Tunneling: Explained - Quantaphy - Medium. *Medium.* https://medium.com/quantaphy/quantum-tunneling-explained-299c2b417112

Yash. (2022, augustus 2). The Language of Quantum Physics - Quantaphy - Medium. *Medium.* https://medium.com/quantaphy/the-language-of-quantum-physics-8f35cdf85b34

Ye, A. (2021, 13 december). Grover's Algorithm — Quantum Computing - The Startup - Medium. *Medium.* https://medium.com/swlh/grovers-algorithm-quantum-computing-1171e826bcfb

You, J. Q., Franco Nori, Fu, University of Michigan, & Japan's Institute of Physical and Chemical Research (RIKEN). (z.d.). Superconducting Circuits and Quantum Information. -. https://arxiv.org/pdf/quant-ph/0601121.pdf

You, J. Q., & Nori, F. (2005). Superconducting circuits and quantum information. *Physics Today, 58*(11), 42–47. https://doi.org/10.1063/1.2155757

Zhou, T., Dartiailh, M. C., Sardashti, K., Han, J. E., Matos-Abiague, A., Shabani, J., & Zutic, I. (2022). Fusion of Majorana bound states with mini-gate control in two-dimensional systems. *Nature Communications, 13*(1). https://doi.org/10.1038/s41467-022-29463-6

أحمد, F. A. ف. (12, 2023 december). The DiVincenzo Criteria - Quantum Engineering - Medium. *Medium.* https://medium.com/quantum-engineering/the-divincenzo-criteria-95f30706441b

أحمد, F. A. ف. (2024, februari 25). Photonic Quantum Computing - Quantum Engineering - Medium. *Medium.* https://pragmaticlyabstract.medium.com/photonic-quantum-computing-66c8be38035c

أحمد, F. A. ف. (2024, februari 25). Superconducting Quantum Computing - Quantum Engineering - Medium. *Medium.* https://medium.com/@pragmaticlyabstract/superconducting-quantum-computing-be9b6c39647b

Definitielijst

Begrip	Definitie	
(Anti-)controls	*Controls* bepalen hoe de doelqubit beïnvloed wordt. Als de qubit waaraan de control verbonden is in de staat 1 is, wordt de poort die eraan verbonden is uitgevoerd, anders niet. Bij een anti-control wordt deze uitgevoerd als de qubit in de staat 0 is.	83
Algoritme	Bewerking op qubits die bestaat uit meerdere poorten.	81
Amplitude	Maximale hoogte van een golf.	48
Anharmoniciteit	Het verschil tussen energieniveaus is niet-lineair.	23
Annihilatie	Een deeltje en een antideeltje botsen en vernietigen elkaar, waardoor energie vrijkomt.	42
Anyon	Een elementair deeltje dat alleen in 2D bestaat, met eigenschappen van zowel fermionen als bosonen.	40
Archimedes' algoritme	Algoritme om 2^{n-1} juiste codes met een lengte van n qubits te vinden van een orakel.	93
Beamsplitter	Splitst één lichtbundel in twee lichtbundels of andersom.	49
Bernstein-Vazirani algoritme	Algoritme om een binaire code te vinden in een orakel.	89
Binair	Getalsysteem dat alleen gebruik maakt van nullen en enen.	82
Bloch-bol	Bol om de toestand van een qubit te visualiseren.	25
Boson	Soort elementair deeltje. Twee bosonen delen dezelfde quantumeigenschappen. Verzamelnaam voor o.a. fotonen.	40
Braiding	Het verwisselen van *anyons* en het ontstaan van knopen in de wereldlijnen van *anyons*.	41
Condensator	Een elektrische component dat elektrische energie opslaat in een elektrisch veld tussen twee geladen plaatjes. De energie wordt opgeslagen als kinetische energie.	33
Controlequbit	De qubit die beslist of de bewerking op de doelqubit wordt uitgevoerd.	75

Cooperpaar	Twee elektronen die als een paar door een supergeleidend metaal bewegen zonder weerstand te ondervinden.	32
Crosstalk	Bij het toepassen van een poort op een qubit wordt onbedoeld ook een andere qubit beïnvloed.	66
Cryogene vloeistoffen	Vloeistoffen van stoffen die op kamertemperatuur een gas zijn. Ze worden gebruikt als koeling, door hun extreem lage kookpunt.	69
Decoherentie	Een quantumsysteem verliest zijn informatie of superpositie en wordt een klassiek systeem, doordat het in contact komt met zijn omgeving.	16
Deutsch-Jozsa algoritme	Algoritme om te bepalen of een functie constant of gebalanceerd is.	100
Diffuser	De *diffuser* zorgt ervoor dat de qubits die een faseverandering van 180° hebben, meer kans hebben om gemeten te worden.	97
Dilution refrigerator	Koelsysteem dat gebruik maakt van helium-3 en helium-4 om temperaturen te bereiken op het niveau van milliKelvin.	67
DiVincenzo-criteria	Vijf criteria waaraan een quantumcomputer moet voldoen om een goed werkende quantumcomputer te zijn.	28
Doelqubit	Qubit waarop een bewerking wordt uitgevoerd bij een gecontroleerde poort, zoals een CNOT-poort.	75
Dopplerkoeling	Koelsysteem dat koelt door middel van lasers. Het maakt gebruik van het optisch dopplereffect.	70
Dubbele spleetexperiment	Experiment om aan te tonen dat elektromagnetische golven en materiedeeltjes op hetzelfde moment zowel golf- als deeltjeseigenschappen hebben.	18
Elektrisch veld	Een elektrisch veld ontstaat rond en oefent kracht uit op geladen deeltjes.	45
Elektromagnetische straling	De stroom van energie met de lichtsnelheid in de vorm van elektromagnetische golven.	16
Elektron	Deeltje met negatieve lading en een te verwaarlozen massa.	13
Elzerman readout	Dit is een manier waarop spin qubits gemeten en gereset kunnen worden.	59

End Cap elektroden	Deze worden gebruikt in een ionenval om de ion verticaal gezien in het midden te houden. Ze bevinden zich boven en onder het ion	45
Euclid's algoritme	Algoritme om te bepalen wat de grootste gemeenschappelijke deler (GGD) is van twee getallen is.	104
Fase	De rotatie om de z-as van de Bloch-bol, wat de mate van interferentie bepaalt. De fase heeft het symbool φ.	25
Fase qubit	Supergeleidende qubit waarbij de toestanden bestaan uit de fases van de quantum harmonische trilling.	36
Fase terugslag	In plaats van de bewerking uit te voeren op de doelqubit, wordt deze op de controlequbit uitgevoerd.	75
Fermion	Elementair deeltje. Bouwsteen van materie. Verzamelnaam voor o.a. elektronen, neutronen en protonen.	40
Flux qubit	Supergeleidende qubit waarop een magnetisch veld wordt toegepast. De toestanden worden gevormd door de richting van de stroom door de qubit.	35
Foton	Deeltje zonder massa, die zich voortplant met de lichtsnelheid. Licht bestaat uit fotonen.	19
Foutcorrectie	Methoden om fouten in qubits te detecteren en te corrigeren.	107
Frequentie	De snelheid waarmee iets voorkomt gedurende een bepaalde periode.	22
Fusie	Het samenvoegen van de kernen, van bijvoorbeeld twee atomen, om samen één nieuw atoom te vormen.	42
Gekwantiseerde energie	Er zijn alleen specifieke energietoestanden mogelijk.	22
Golffunctie	Wiskundige beschrijving van de toestand van een qubit. De golffunctie heeft het symbool ψ.	24
Golflengte	De lengte van één golf. Dit is de lengte tussen twee opeenvolgende toppen of tussen twee opeenvolgende dalingen door de evenwichtsstand.	48
Grootste gemeenschappelijke deler	Het grootste positieve gehele getal dat een deler is van twee of meer getallen. Wordt ook wel GGD genoemd.	81

Harmonische trilling	Een periodieke beweging waarbij de totale energie gelijk blijft, maar er steeds gewisseld wordt tussen kinetische energie en potentiële energie.	36
Hyperfijne qubit	Ionenval qubit waarbij de toestanden gevormd worden door de energie van het ion.	47
Inductor	Een elektrische component dat elektrische energie opslaat in een magnetisch veld zodra er stroom doorheen gaat. De energie wordt opgeslagen als potentiële energie.	33
Interferentie	Het faseverschil tussen qubits zorgt ervoor dat de kans op een bepaalde toestand wordt versterkt of verzwakt.	25
Ionen	Geladen deeltjes die elektronen te veel of te weinig hebben en daardoor een negatieve of positieve lading hebben.	45
Ionenval	Hierin wordt een ion gevangengehouden door middel van elektrische en magnetische velden.	45
Isotopen	Een atoom dat bestaat uit hetzelfde aantal protonen en elektronen, maar een ander aantal neutronen dan andere atomen van hetzelfde element.	13
Josephson-junctie	Twee supergeleidende materialen gescheiden door een hele dunne isolator, waardoor het werkt als een niet-lineaire inductor.	34
Kansbalk	De kansbalk geeft de kans van qubits om in een bepaalde gezamenlijke toestand te komen.	84
Kelvin	Eenheid van temperatuur gebaseerd op het absolute nulpunt. Een verschil van 1K komt overeen met een verschil van 1°C.	37
Kinetische energie	De energie die een voorwerp of deeltje bezit vanwege zijn beweging.	21
Ladingsqubit	Supergeleidende qubit waarbij de toestanden bestaan uit de lading op een stukje van het elektrische circuit.	35
LC-circuit	Een elektrisch circuit dat energie kan opslaan, bestaand uit een inductor en een condensator. De energie wisselt tussen kinetische energie in de condensator en potentiële energie in de inductor.	33
Magnetisch veld	Een magnetisch veld ontstaat rond en oefent kracht uit op bewegende geladen deeltjes en magneten.	45

Term	Beschrijving	Pagina
Majorana zero mode	Heeft *non-abelian* eigenschappen en gedraagt zich als *anyon*. Ontstaat als twee Majorana deeltjes dicht bij elkaar gebracht worden.	43
Modulo	Functie die een bepaald getal zo vaak mogelijk van een ander getal afhaalt. Het resultaat van de functie is de rest.	81
Motional qubit	Ionenval qubit waarbij de toestanden gevormd worden door de trilling van het ion.	47
Multi-qubit poort	Poort die de toestand van meerdere qubits aanpast.	75
Neutron	Deeltje in de kern van een atoom, zonder lading.	13
Non-abelian	A*B ≠ B*A. De volgorde waarmee we iets uitvoeren is van belang.	41
NV-center	*Nitrogen Vacancy center*. De vervanging van twee koolstofatomen in diamant door een stikstofatoom en een lege plek.	61
Onbepaaldheidsrelatie van Heisenberg	De positie en de impuls van een deeltje kunnen niet beiden tegelijkertijd met oneindige precisie vaststellen. Dit verband bestaat ook voor energie en tijd en voor fase en amplitude.	20
Optisch dopplereffect	De verschuiving van de frequentie en daarmee de kleur van licht als gevolg van de beweging naar de lichtbron toe of ervan af.	70
Orakel	Het orakel is een functie die bestaat uit meerdere CNOT-poorten. Bij Archimedes' algoritme en het Bernstein-Vazirani algoritme weet je van tevoren niet hoe deze eruit ziet.	89
Path encoding	Fotonische qubit waarbij de informatie in het pad of de afgelegde route wordt verwerkt.	50
Paul val	Veel gebruikte ionenval, werkt met elektroden.	45
Pauli-uitsluitingsprincipe	Fermionen hebben de eigenschap dat twee fermionen niet dezelfde quantumeigenschappen kunnen hebben.	40
Polarisation encoding	Fotonische qubit waarbij de informatie wordt verwerkt in de polarisatie van een foton.	48
Poort	Past de toestand van een qubit aan. Voert een rotatie over de Bloch-bol uit.	72
Potentiële energie	De energie die een voorwerp of deeltje bezit vanwege zijn positie of toestand.	21

Priemgetal	Geheel getal dat alleen deelbaar is door 1 en zichzelf.	81
Proton	Deeltje in de kern van een atoom, heeft een positieve lading.	13
Quantum harmonische trilling	Fenomeen waarbij de energie van een deeltje heen en weer gaat tussen potentiële en kinetische energie.	36
Quantumdot	Halfgeleidend nanokristal, waarvan de beweging in de drie dimensies gedempt is zodat het op één plek blijft.	58
Quantummechanica	Quantummechanica bestudeert de bewegingen van en krachten op zeer kleine deeltjes.	13
Quantumsysteem	Systeem van meerdere qubits die verbonden zijn.	16
Qubit	Bouwsteen van een quantumcomputer, quantumsysteem met twee basistoestanden.	22
Ruis	Factoren van buitenaf die de betrouwbaarheid van berekeningen met een quantumcomputer aantasten.	66
Rydberg qubit	Ionenval qubit waarbij de toestanden gevormd worden door de energie van het ion. Daarbij is de plek van het elektron van belang.	47
Shor's algoritme	Quantum algoritme voor het ontbinden van getallen in priemfactoren.	105
Silicium spin qubit	Qubit die gebaseerd is op de eigenschap spin van elektronen in het materiaal silicium.	59
Single-qubit poort	Poort die de toestand van één qubit aanpast.	72
Spin	Quantumeigenschap van een deeltje. Creëert een magnetisch veld doordat het bestaat.	57
Squeezed fotonen	Vorm van fotonen waarbij de fase uiterst nauwkeurig en de amplitude uiterst onnauwkeurig bepaald kan worden.	51
Stern Gerlach machine	Deze machine werd gebruikt bij de ontdekking van en het onderzoek naar de eigenschap spin.	55
Supergeleiding	Het wegvallen van weerstand in bepaalde metalen bij lage temperatuur.	32
Superpositie	Een quantummechanisch verschijnsel waarbij een quantumsysteem tegelijkertijd in meerdere toestanden is.	14

Surface code	Een foutcorrectiecode die, door qubits te rangschikken in een 2D vlak, fouten kan corrigeren.	107
Time-bin encoding	Fotonische qubit waarbij de informatie wordt verwerkt in de tijd dat een foton bestaat.	51
Topologische qubit	Qubit die informatie opslaat in de *braiding* van *anyons* en erg ongevoelig is voor ruis.	39
Transmon qubit	Aangepaste ladingsqubit, waardoor hij minder gevoelig is voor ruis en langere coherentietijd heeft.	36
Tunnelen	Deeltjes gaan door een energiebarrière, ondanks het feit dat ze niet genoeg energie hebben.	21
Verstrengeling	Twee of meerdere deeltjes kunnen niet meer afzonderlijk beschouwd worden, maar zijn afhankelijk van elkaar.	15
Waveplate	Een optisch apparaat dat de polarisatie van een lichtgolf of foton verandert.	49
Wereldlijn	Een abstracte manier die de afgelegde weg van een voorwerp in de tijd beschrijft.	41
Zeeman qubit	Ionenval qubit waarbij de toestanden gevormd worden door de spin van het ion.	47

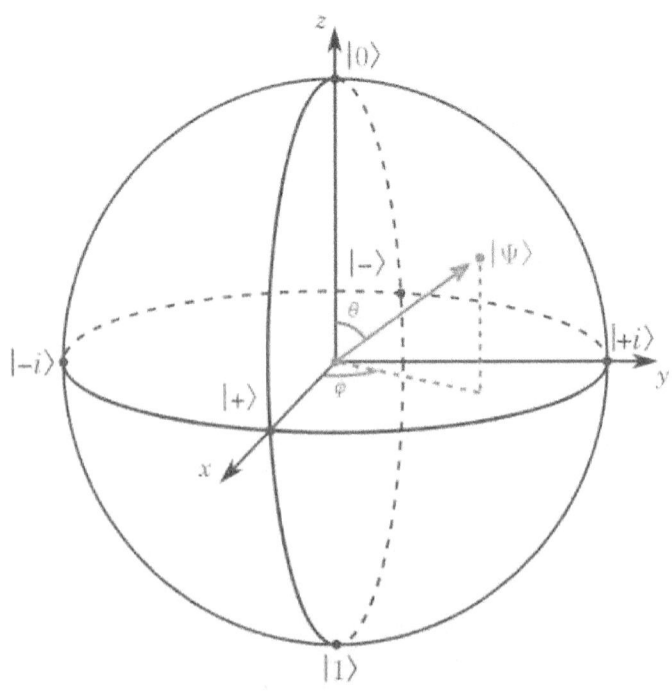

Bloch sphere, z.d.

Symbolenlijst

Uitgebreide uitleg van deze symbolen is te vinden onder het kopje Qubit.

Symbool		Betekenis
$\|\psi\rangle$	(psi)	Toestand van de qubit.
Θ	(Thèta)	De verticale hoek ten opzichte van de positieve z-as.
Φ	(Phi)	Fase. De hoek tegen de klok in ten opzichte van de positieve x-as.
α	(Alpha)	De amplitude van de golffunctie van $\|0\rangle$. Het kwadraat van de modulus geeft de kans om de qubit bij een meting in $\|0\rangle$ aan te treffen.
β	(Bèta)	De amplitude van de golffunctie van $\|1\rangle$. Het kwadraat van de modulus geeft de kans om de qubit bij een meting in $\|1\rangle$ aan te treffen.
$\|0\rangle$		Laagste energietoestand. De thèta is dus 0°. De fase is altijd 0°. Ligt op de positieve z-as.
$\|1\rangle$		Eén-na-laagste energietoestand. De thèta is dus 180°. Ligt op de negatieve z-as.
$\|+\rangle$		Superpositie met α hetzelfde als β en een fase van 0°. De thèta is dus 90°. Ligt op de positieve x-as.
$\|-\rangle$		Superpositie met α hetzelfde als β en een fase van 180°. De thèta is dus 90°. Ligt op de negatieve x-as.
$\|i\rangle$		Superpositie met α hetzelfde als β en een fase van 90°. De thèta is dus 90°. Ligt op de positieve y-as.
$\|-i\rangle$		Superpositie met α hetzelfde als β en een fase van 270°. De thèta is dus 90°. Ligt op de negatieve y-as.
$\|\psi\rangle = \alpha\|0\rangle + \beta\|1\rangle$		De superpositie van de toestanden $\|0\rangle$ en $\|1\rangle$ is afhankelijk van α en β.
$\|\alpha\|^2 + \|\beta\|^2 = 1$		De kansen op $\|0\rangle$ en $\|1\rangle$ zijn de kwadraten van α en β. Die zijn samen altijd 1.